# 电网调控专业
# 通用知识汇编

本书编写组　组织编写

中国建材工业出版社
北　京

图书在版编目（CIP）数据

电网调控专业通用知识汇编/本书编写组组织编写．
北京：中国建材工业出版社，2024.8． -- ISBN 978-7-
5160-4204-5

Ⅰ．TM73

中国国家版本馆 CIP 数据核字第 2024R82K66 号

## 内 容 简 介

本书包括配电网概述及规划、配电网自动化、配电网一次设备、配电网通信、配电网新业态、配电网调控运行、配电网方式计划、配电网抢修指挥、配电网新技术应用九部分。全书不仅包含日常理论知识内容，而且收录了典型实例，两者内容互为支撑，既对理论知识做了讲解和说明，又用案例佐证理论，做到理论与实践相结合。

本书是国网山东省电力公司调控专业从业人员培训课程体系教材，也可以作为广大电网企业调控专业人员学习调控专业知识的参考资料。

**电网调控专业通用知识汇编**
DIANWANG TIAOKONG ZHUANYE TONGYONG ZHISHI HUIBIAN
本书编写组　组织编写

| | |
|---|---|
| 出版发行： | 中国建材工业出版社 |
| 地　　址： | 北京市西城区白纸坊东街 2 号院 6 号楼 |
| 邮　　编： | 100054 |
| 经　　销： | 全国各地新华书店 |
| 印　　刷： | 北京印刷集团有限责任公司 |
| 开　　本： | 787mm×1092mm　1/16 |
| 印　　张： | 11.5 |
| 字　　数： | 270 千字 |
| 版　　次： | 2024 年 8 月第 1 版 |
| 印　　次： | 2024 年 8 月第 1 次 |
| 定　　价： | 98.00 元 |

本社网址：www.jccbs.com，微信公众号：zgjcgycbs
请选用正版图书，采购、销售盗版图书属违法行为
**版权专有，盗版必究**。本社法律顾问：北京天驰君泰律师事务所，张杰律师
举报信箱：zhangjie@tiantailaw.com　举报电话：(010) 63567684
本书如有印装质量问题，由我社事业发展中心负责调换，联系电话：(010) 63567692

# 《电网调控专业通用知识汇编》编写组

**主　任**　刘远龙
**副主任**　袁　森　辛　刚
**主　编**　周春生　陈　阔
**副主编**　陈　康　刘　洋　刘海鹏　许加凯　李双磊
**参　编**　霍　健　刘祥波　亓富罡　周生奇　贾廷波
　　　　　韩　委　张朋丰　王中刚　张　斌　丛志鹏
　　　　　刘传良　韩　松　孙泽坤　袁　森　夏文华
　　　　　赵长耀　王　耀　邢志同　张丛丛　秦子健
　　　　　辛　刚　韩宗耀　陈波涛　祁宗岳　周群林
　　　　　王洪林　高建民　王公珂　耿洪彬　田宝存
　　　　　赵继城　刘贯红　王　宁　曹怀龙　解会峰
　　　　　王　丽　张明月　宫富强

# 前　　言

目前，电网调度控制系统已开始向智能化与自动化方向发展，为我国电力系统的稳定和安全运行提供了有效的保障。在全球化大数据的背景下，智能电网调度控制系统在电力行业的发展中发挥着重要作用，已成为电力行业不可或缺的重要组成部分。

随着国家电网有限公司"建设具有中国特色国际领先的能源互联网企业"战略目标的落地、深入，我们结合当前公司对调控专业人员的高标准、严要求，在新的管理模式和技术标准的背景下，针对调控专业开发相关教材，以提高公司员工专业技术能力水平，助力员工队伍的成长与成才。

本书包括配电网概述及规划、配电网自动化、配电网一次设备、配电网通信、配电网新业态、配电网调控运行、配电网方式计划、配电网抢修指挥、配电网新技术应用九部分。书中不仅有传统教材中所包含的理论知识内容，而且收录了曾经发生的较为典型的案例，两者内容互为支撑，既对理论知识做了讲解和说明，又用案例佐证理论，做到理论与实践相结合。

由于调控专业管理工作内容不断发生变化，加之编写人员水平有限，书中不足之处在所难免，敬请广大读者提出宝贵意见。

编　者
2023 年 11 月

# 目 录

## 第一章 配电网概述及规划 … 1
第一节 配电网规划的基本知识 … 1
第二节 配电网的基本知识 … 3
第三节 练习题 … 5

## 第二章 配电网自动化 … 8
第一节 概述 … 8
第二节 配电自动化主站系统 … 11
第三节 馈线自动化 … 18
第四节 网络安全防护 … 24
第五节 配电自动化建设及配置要求 … 28
第六节 配电自动化运维管理 … 31
第七节 低压配电网自动化 … 34
第八节 练习题 … 41

## 第三章 配电网一次设备 … 44
第一节 概述 … 44
第二节 高压变电站设备 … 45
第三节 中压配电设备 … 46
第四节 练习题 … 47

## 第四章 配电网通信 … 50
第一节 配电网通信系统概述 … 50
第二节 配电网通信接入技术 … 55
第三节 5G通信技术介绍 … 62
第四节 配电网通信建设要求 … 67
第五节 配电网通信运维管理 … 71
第六节 练习题 … 80

## 第五章　配电网新业态 … 82

### 第一节　分布式电源 … 82
### 第二节　储能 … 82
### 第三节　微电网 … 82
### 第四节　增量配电网 … 92
### 第五节　直流配电网 … 95
### 第六节　柔性负荷 … 96
### 第七节　练习题 … 97

## 第六章　配电网调控运行 … 100

### 第一节　配电网调控管理 … 100
### 第二节　配电网图模异动管理 … 107
### 第三节　配电网运行管理 … 113
### 第四节　调控操作管理 … 121
### 第五节　配电网设备接入管理 … 125
### 第六节　配电网事故处理 … 129
### 第七节　练习题 … 137

## 第七章　配电网方式计划 … 140

### 第一节　配电网运行方式管理 … 140
### 第二节　配电网停电计划管理 … 143
### 第三节　配电网带电作业计划管理 … 146
### 第四节　练习题 … 147

## 第八章　配电网抢修指挥 … 150

### 第一节　配电网抢修指挥概述 … 150
### 第二节　配电网抢修工单流转 … 151
### 第三节　生产类停送电信息报送 … 152
### 第四节　配电网智能抢修指挥技术 … 154
### 第五节　练习题 … 155

## 第九章　配电网新技术应用 … 158

### 第一节　大数据技术 … 158
### 第二节　云计算技术 … 160

第三节　智慧物联网技术 …………………………………………… 162
第四节　移动互联网技术 …………………………………………… 163
第五节　人工智能技术 ……………………………………………… 164
第六节　区块链技术 ………………………………………………… 166
第七节　虚拟电厂技术 ……………………………………………… 168
第八节　碳流分析技术 ……………………………………………… 170
第九节　练习题 ……………………………………………………… 171

# 第一章　配电网概述及规划

> **概　述**

本章主要介绍配电网规划的基本知识、配电网的基本知识、练习题等内容，包括三个培训模块。Ⅰ级人员应重点掌握配电网的基本知识；Ⅱ级人员应重点掌握配电网规划的基本知识；Ⅲ级人员应重点掌握配电网的基本知识、配电网规划的基本知识。

## 第一节　配电网规划的基本知识

配电网规划是电网规划的重要组成部分。开展配电网规划设计，制定科学合理的规划方案，对提高配电网供电能力、供电可靠性和供电质量，满足负荷增长，适应电源及用户灵活接入，实现系统经济高效运行，切实提升配电网发展质量和效益具有重要意义。

### 一、配电网规划的基本规定

智能化的配电网是能源互联网基础平台和智慧能源系统核心枢纽的重要组成部分，应安全可靠、经济高效、公平便捷地服务电力客户，并促进分布式可调节资源多类聚合，电、气、冷、热多能互补，实现区域能源管理多级协同，提高能源利用效率，降低社会用电成本，优化电力营商环境，推动能源转型升级。配电网应具有科学的网架结构、必备的容量裕度、适当的转供能力、合理的装备水平和必要的数字化、自动化、智能化水平，以提高供电保障能力、应急处置能力、资源配置能力。

（1）配电网规划应坚持各级电网协调发展，将配电网作为一个系统，满足各组成部分间的协调配合、空间上的优化布局和时间上的合理过渡。各电压等级变电容量应与用电负荷、电源装机和上下级变电容量相匹配，各电压等级电网应具有一定的负荷转移能力，并与上下级电网协调配合、相互支援。

（2）配电网规划应坚持以效益效率为导向，在保障安全质量的前提下，处理好投入和产出的关系、投资和需求的关系；应综合考虑供电可靠性、电压合格率等技术指示与设备利用效率、项目投资收益等经济性指标；应优先挖掘存量资产作用、科学制定规划方案、合理确定建设规模、优化项目建设时序。

（3）配电网规划应遵循资产全寿命周期成本最优的原则，分析由投资成本、运行成本、检修维护成本、故障成本和退役处置成本等组成的资产全寿命周期成本，对多个方案进行比选，实现电网资产在规划设计、建设改造、运维检修等全过程的整体成本最优。

（4）配电网规划应遵循差异化规划原则，根据各地区和不同类型供电区域的经济社会发展阶段、实际需求和承受能力，差异化制定规划目标、技术原则和建设标准，合理满足区域发展、各类用户用电需求和多元主体灵活便捷接入。

（5）配电网规划应全面推行网格化规划方法，结合国土空间规划、供电范围、负荷特性、用户需求等特点，合理划分供电分区、网格和单元，细致开展负荷预测，统筹变电站出线间隔和廊道资源，科学制定目标网架及过渡方案，实现现有电网到目标网架平稳过渡。

（6）配电网规划应向智慧化方向发展，加大智能终端部署和配电通信网建设，加快推广应用先进信息网络技术、控制技术，推动电网一、二次和信息系统融合发展，提升配电网互联互济能力和智能互动能力，有效支撑分布式能源开发利用和各种用能设施"即插即用"，实现"源网荷储"协调互动，保障个性化、综合化、智能化服务需求，促进能源新业务、新业态、新模式发展。

（7）配电网规划应加强计算分析，采用适用的评估方法和辅助决策手段开展技术经济分析，适应配电网由无源网络到有源网络的形态变化，促进精益化管理水平的提升。

（8）配电网规划应与政府规划相衔接，按行政区划和政府要求开展电力设施空间布局规划，规划成果纳入地方国土空间规划，推动变电站、开关站、环网室（箱）、配电室站点以及线路走廊用地和电缆通道合理预留。

## 二、配电网规划设计的任务

配电网规划设计年限应与国民经济和社会发展规划的年限一致，可分为近期（5年）、中期（10年）、远期（15年及以上）三类。配电网规划设计宜以近期（5年）为主，如有必要可视具体要求开展中远期规划工作。配电网规划设计应实现近期与远期相衔接，以远期规划指导近期规划。高压配电网近期规划宜每年进行滚动修编，中低压配电网宜每年对规划项目库进行滚动修编。

（1）近期规划设计研究重点为解决当前配电网存在的主要问题，提高供电能力和可靠性，满足负荷需要，并依据近期规划设计编制年度项目计划。

（2）中期规划设计研究重点为将现有配电网网架逐步过渡到目标网架，预留变电站站址、配电设备站点和线路廊道；中期规划应与近期规划相衔接，明确配电网发展目标，对近期规划起指导作用。

（3）远期规划设计研究侧重于战略性研究和展望，主要考虑配电网的长远发展目标，根据饱和负荷水平的预测结果，提出配电网发展需求，确定目标网架，预留高压变电站站址及高、中压线路廊道。

为更好地适应规划区域内经济发展，配电网规划设计宜逐年评估和滚动调整。当有下列情况之一发生时，应对配电网发展目标、建设方案和投资估算等进行修编。

（1）城乡发展规划发生调整或修改后。

（2）上级电网规划发生调整或修改后。

（3）接入配电网的电源规划发生重大调整或修改后。

（4）预测负荷水平有较大变动时。

（5）电网技术有较大发展时。

## 第二节 配电网的基本知识

### 一、配电网定义

电能是一种应用广泛的能源，其生产（发电厂）、输送（输配电线路）、分配（变电站）和消费（电力客户）的各个环节有机地构成一个系统。动力系统、电力系统、电力网组成示意图如图 1-1 所示。

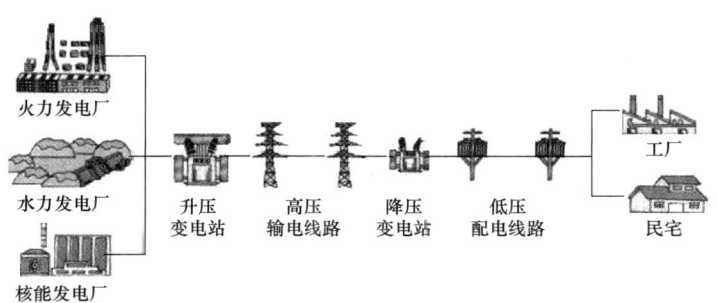

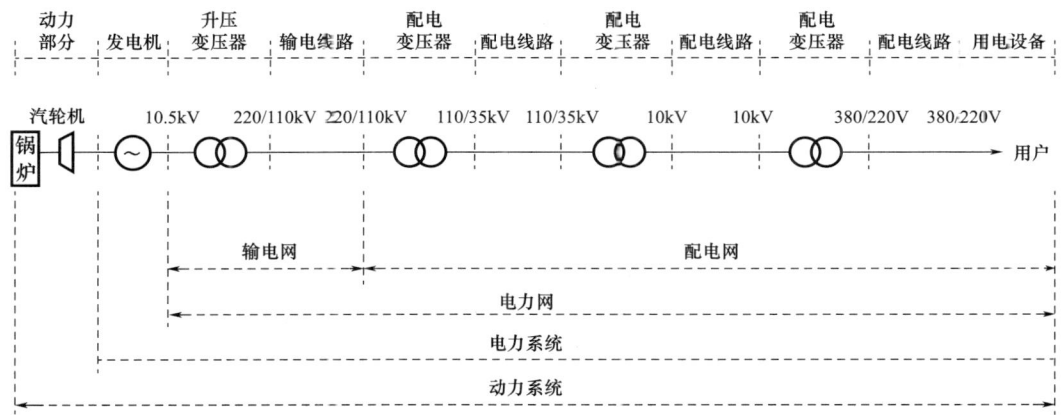

图 1-2 动力系统、电力系统、电力网组成示意图

1. 动力系统

由发电厂的动力部分（如火力发电的锅炉、汽轮机，水力发电的水轮机和水库，核力发电的核反应堆和汽轮机等）以及发电、输电、变电、配电、用电组成的整体。

2. 电力系统

由发电、输电、变电、配电和用电组成的整体，是动力系统的一部分。

3. 电力网由发电厂的动力部分（如火力发电的锅炉、汽轮机，水力发电的水轮机和水库，核力发电的核反应堆和汽轮机等）以及发电、输电、变电、配电、用电组成的整体。

电力网是电力系统中输送、变换和分配电能的部分，包括升、降压变压器和各种电压等级的输电线路，是电力系统的一部分。电力网按其电力系统的作用不同分为输电网和配电网。

(1) 输电网：以高压（220kV）、超高电压（330kV、500kV、750kV）、特高压（交流1000kV、直流±800kV）输电线路将发电厂、变电站连接起来的输电网络，是电力网中的主干网络。

(2) 配电网：从电源侧（输电网、发电设施、分布式电源等）接受电能，并通过配电设施就地或逐级分配给各类用户的电力网络，对应电压等级一般为110kV及以下。配电网涉及高压配电线路和变电站、中压配电线路和配电变压器、低压配电线路、用户和分布式电源等四个紧密关联的层次。对配电网的基本要求主要是供电的连续性、可靠性、合格的电能质量和运行的经济性等。

## 二、配电网的分类和特点

### 1. 配电网的分类

配电网按电压等级的不同，可分为高压配电网（110kV、66kV、35kV）、中压配电网（20kV、10kV、6kV、3kV）和低压配电网（220V/380V）；按供电地域特点不同或服务对象不同，可分为城市配电网和农村配电网；按配电线路的不同，可分为架空配电网、电缆配电网以及架空电缆混合配电网。

(1) 高压配电网：指由高压配电线路和相应等级的配电变电站组成的向用户提供电能的配电网。其功能是从上一级电源接收电能后，直接向高压用户供电或通过变压器向下一级中压配电网提供电源。高压配电网具有容量大、负荷重、负荷节点少、供电可靠性要求高等特点。高压配电网分为110/66/35kV三个电压等级，城市配电网一般采用110kV作为高压配电网电压。

(2) 中压配电网：指由中压配电线路和配电变电站组成的向用户提供电能的配电网。其功能是从电源侧（输电网或高压配电网）接受电能，向中压用户供电，或向用户用电小区负荷中心的配电变电站供电，再经过降压后向下一级低压配电网提供电源。中压配电网具有供电面广、容量大、配电点多等特点。我国中压配电网一般采用10kV为标准额定电压。

(3) 低压配电网：指由低压配电线路及其附属电气设备组成的向用户提供电能的配电网。其功能是以中压配电网的配电变压器为电源，将电能通过低压配电线路直接送给用户。低压配电网的供电距离较近，低压电源点较多，一台配电变压器就可作为一个低压配电网的电源，两个电源点之间的距离通常不超过几百米。低压配电线路供电容量不大，但分布面广，除一些集中用电的用户外，大量是供给城乡居民生活用电及分散的街道照明用电等。低压配电网主要采用三相四线制、单相和三相三线制组成的混合系统。我国规定采用单相220V、三相380V为低压额定电压。

### 2. 配电网的特点

(1) 供电线路长，分布面积广。

(2) 发展速度快，用户对供电质量要求高。

(3) 对经济发展较好地区配电网设计标准要求高，供电的可靠性要求较高。

(4) 农网负荷季节性强。

(5) 配电网接线较复杂，必须保证调度上的灵活性、运行上的供电连续性和经济性。

（6）随着配电网自动化水平的提高，对供电管理水平的要求越来越高。

（7）随着分布式电源、储能、增量配电网及微电网的接入，配电网由传统的无源网向有源网转变，配电网物理形态及运行特性发生重大变化。

## 第三节 练习题

### 一、单选题

1. 高压配电网（　　）由两个电源（变电所）的馈线供电，中间 T 接和 π 接链式接线。
A. 联络结构　　B. 链式结构　　C. 辐射状结构　　D. 环网结构
答案：B

2. 10kV 配电网中性点接地方式的选择，单相接地故障电容电流超过 10A 且小于 100～150A，宜采用中性点（　　）方式。
A. 直接　　B. 低电阻接地　　C. 经消弧线圈接地　　D. 不接地
答案：C

3. 电网低频率运行时，发电厂给水泵和循环水泵的转速将（　　）。
A. 不一定　　B. 减慢　　C. 不变　　D. 加快
答案：B

4. 配电网近中期规划的供电质量目标应不低于公司承诺标准：城市电网平均供电可靠率应达到（　　）。
A. 0.975　　B. 0.985　　C. 0.999　　D. 0.998
答案：C

5. 不属于谐振过电压的是（　　）。
A. 参数谐振过电压　　B. 线性谐振过电压
C. 同步谐振过电压　　D. 铁磁谐振过电压
答案：C

6. 35～110kV 供电电压正负偏差的绝对值之和不超过标称电压的（　　）。
A. 0.12　　B. 0.08　　C. 0.07　　D. 0.1
答案：D

7. 我国频率的额定值是 50Hz，频率的偏差一般允许值为（　　）Hz。
A. ±0.4　　B. ±0.2　　C. ±0.1　　D. ±0.3
答案：B

8. （　　）分为 110/66/35kV 三个电压等级。
A. 低压配电网　　B. 高压配电网　　C. 超高压配电网　　D. 中压配电网
答案：B

9. 大电流接地系统中发生接地故障时，（　　）零序电压为零。
A. 变压器中性点间隙接地处　　B. 变压器中性点接地处
C. 故障点　　D. 系统电源处
答案：B

10. 根据第二级供电安全水平要求：对于停电范围在（　）MW 的组负荷，其中不小于组负荷减 2MW 的负荷应在 3h 内恢复供电；余下的负荷允许故障修复后恢复供电，恢复供电时间与故障修复时间相同。

A. 2～12　　　　　B. 2～11　　　　　C. 1～12　　　　　D. 2～10

答案：A

## 二、多选题

1. 中压配电网结构主要有（　）。

A. 多分段单联络和多分段单辐射　　　B. 单环式
C. 双环式　　　　　　　　　　　　　D. 多分段适度联络

答案：ABCD

2. 以下选项正确的是（　）。

A. 单相接地故障电容电流在 10～150A，宜采用中性点经消弧线圈接地方式
B. 单相接地故障电容电流在 20A 及以下，宜采用中性点不接地方式
C. 单相接地故障电容电流在 10A 及以下，宜采用中性点不接地方式
D. 单相接地故障电容电流达到 150A 以上，宜采用中性点经低电阻接地方式，并应将接地电流控制在 150～800A 范围内

答案：ACD

3. 分电压等级电力平衡应结合（　），确定该电压等级所需新增的变压器容量。

A. 现有变压器容量　　　　　　　B. 电压等级
C. 负荷预测结果　　　　　　　　D. 电源装机发展情况

答案：ACD

4. 配电网应有足够的电压调节能力，将电压维持在规定范围内，主要的电压调整方式有（　）。

A. 通过线路调压器进行电压调节
B. 选用有载或无载调压变压器，通过改变分接头进行电压调节
C. 通过配置无功补偿装置进行电压调节
D. 通过切除配电变压器

答案：ABC

5. 配电网规划常用的负荷预测方法有（　）等。

A. 定量分析预测法　　B. 弹性系数法　　C. 空间负荷预测法　　D. 负荷密度法

答案：BCD

6. 为合理控制配电网的短路容量，可采取以下主要技术措施（　）。

A. 主变压器低压侧加装电抗器等限流装置
B. 控制单台主变压器容量
C. 配电网络分片、开环，母线分段，主变压器分列
D. 合理选择接线方式（如二次绕组为分裂式）或采用高阻抗变压器

答案：ABCD

7. 低压配电网是主要采用（　　）组成的混合系统。

A. 单相单线制　　　B. 单相　　　C. 三相四线制　　　D. 三相三线制

答案：BCD

8. 下列关于配电网智能化的说法正确的有（　　）。

A. 配电网智能化应遵循统筹协调规划原则

B. 配电网智能化应遵循标准化设计原则，采用标准化信息模型与接口规范，落实公司信息化统一架构设计、安全防护总体要求

C. 配电网智能化应采用先进的信息、通信、控制技术，支撑配电网状态感知、自动控制、智能应用，满足电网运行、客户服务、企业运营、新兴业务的需求

D. 配电网智能化应采用差异化建设策略，以不同供电区域供电可靠性、多元主体接入等实际需求为导向，结合一次网架有序投资

答案：ABCD

9. 下列属于第三级供电安全水平要求的是（　　）。

A. 该级标准要求变电站的中压线路之间宜建立站间联络，变电站主变及高压线路可按 $N-1$ 原则配置。

B. A+、A 类供电区域故障变电站所供负荷应在 15min 内恢复供电；B、C 类供电区域故障变电站所供负荷，其大部分负荷（不小于三分之二）应在 15min 内恢复供电，其余负荷应在 3h 内恢复供电。

C. 对于停电范围在 12~180MW 的组负荷，其中不小于组负荷减 12MW 的负荷或者不小于三分之二的组负荷（两者取小值）应在 15min 内恢复供电，余下的负荷应在 3h 内恢复供电。

D. 该级停电故障主要涉及变电站的高压进线或主变压器，停电范围仅限于故障变电站所供负荷，其中大部分负荷应在 15min 内恢复供电，其他负荷应在 3h 内恢复供电。

答案：ABCD

10. 关于二级负荷的供电要求，下列正确的是（　　）。

A. 宜由两路电源供电

B. 用户也可以增设自备应急电源或其他应急措施。

C. 当其中一路电源中断供电时，另一路电源应该能满足全部或部分负荷的供电需要。

D. 必须增设自备应急电源

答案：ABC

# 第二章　配电网自动化

**概　述**

本章主要介绍配电自动化概述、配电自动化主站系统、馈线自动化等内容，包括七个培训模块。Ⅰ级人员应重点掌握配电自动化概述、配电自动化主站系统；Ⅱ级人员应重点掌握馈线自动化、网络安全防护；Ⅲ级人员应重点掌握配电自动化建设及配置要求、配电自动化运维管理、低压配电网自动化。

## 第一节　概　述

配电自动化（Distribution Automation，DA）是以一次网架和设备为基础，综合利用计算机、信息及通信等技术，以配电自动化系统为核心，实现对配电系统的监测、控制和快速故障隔离，并通过与相关应用系统的信息集成，实现配电系统的科学管理。配电自动化是提高供电可靠性和供电质量，提升供电能力，实现配电网高效经济运行的重要手段，也是实现智能电网的重要内容之一。

配电自动化主要涉及以下相关术语：

（1）配电自动化系统（Distribution Automation System，DAS）。实现配电网运行监视和控制的自动化系统，具备配电 SCADA（Supervisory Control and Data Acquisition）、故障处理、分析应用及与相关应用系统互连等功能，主要由配电自动化系统主站、配电自动化系统子站（可选）、配电自动化终端和通信网络等部分组成。

（2）馈线自动化（Feeder Automation，FA）。利用自动化装置或系统，监视配电网的运行状况，及时发现配电网故障，进行故障定位、隔离和恢复对非故障区域的供电。

（3）配电自动化主站系统（Master Station System of Distribution Automation）。配电自动化系统主站（即配电网调度控制系统，简称配电主站），主要实现配电网数据采集、运行监控、馈线自动化、故障处理等功能，为调度运行、生产及故障抢修指挥服务。

（4）配电自动化终端（Remote Terminal Unit of Distribution Automation System）。配电终端是安装在配电网的各种远方监测、控制单元的总称，完成数据采集、控制、通信等功能。

（5）配电自动化子站系统（Slave Station of Distribution Automation System）。配电子站是配电主站与配电终端之间的中间层，实现所辖范围内的信息汇集、处理、通信监视等功能。

（6）信息交换（Information Exchange）。系统间的信息交换与服务共享。

（7）信息交换总线（Information Exchange Bus）。遵循 IEC 61968 标准，基于消息机制的中间件平台，支持安全跨区信息传输和服务。

(8) 多态模型（Multi-context Model）。针对配电网在不同应用阶段和应用状态下操作控制需要，建立的多场景配电网模型，一般分为：实时态、研究态、未来态等。

## 一、配电自动化功能

配电自动化功能主要包括配电网运行和管理两方面。

**1. 配电网运行方面**

（1）数据采集与监控

数据采集与监控功能是"三遥"（遥测、遥信、遥控）的具体体现与扩展，实现配电网及设备的数据采集、运行状态监视和故障告警等功能并对相关电力设备进行远程操作。数据采集与监控是配电自动化的基础功能。

（2）故障自动隔离与恢复供电

在线路发生永久性故障后，配电自动化系统自动定位故障点，隔离故障区段，恢复非故障线路的供电，缩小故障停电范围，加快故障抢修速度，减少停电时间，提供电可靠性。

（3）电压及无功管理

配电自动化系统可以通过高级应用软件对配电网的无功分布进行全局优化，调整变压器分接头档位，控制无功补偿设备的投切，以保证供电电压合格、线损最小；也可以采用现场自动装置，以某控制点的电压及功率因数为控制参数，就地调整变压器分接头档位、投切无功补偿电容器。

**2. 配电网管理方面**

（1）设备管理

设备管理功能可实现在地理信息系统平台上，应用自动绘图工具，以地理图形为背景绘出并分层显示网络接线、用户位置、配电设备及属性数据等。该功能还支持设备档案的计算机检索、调阅，并可查询、统计某区域设备数量、负荷、用电量等。

（2）运行趋势分析

利用配电自动化数据，对配电网运行进行趋势分析，实现提前预警。支持对配变、线路重载、过载趋势分析与预警，重要用户丢失电源或电源重载等安全运行预警，配电网运行方式调整时的供电安全分析与预警，设备异常趋势分析与告警等。

（3）数据质量管控

对采集到的实时数据和历史数据质量进行分析处理。实时数据质量管控支持设备电流、电压、有功功率、无功功率、电量合理性校验等；历史数据质量管控支持历史数据完整性校验、补招和补全功能等。

（4）规划与设计管理

配电自动化系统对配电网规划所需的地理、经济、负荷等数据进行集中存储、管理，并提供负荷预测、网络拓扑分析、短路电流计算等功能，不仅可以加速配电网规划与设计过程，而且还可使规划与设计方案更加经济、高效。

## 二、配电自动化系统组成

配电自动化系统主要由主站、子站（可选）、终端和通信网络组成，通过信息交换总线实现与其他相关应用系统互连，实现数据共享和功能扩展。配电自动化系统构成如

图 2-1 所示。

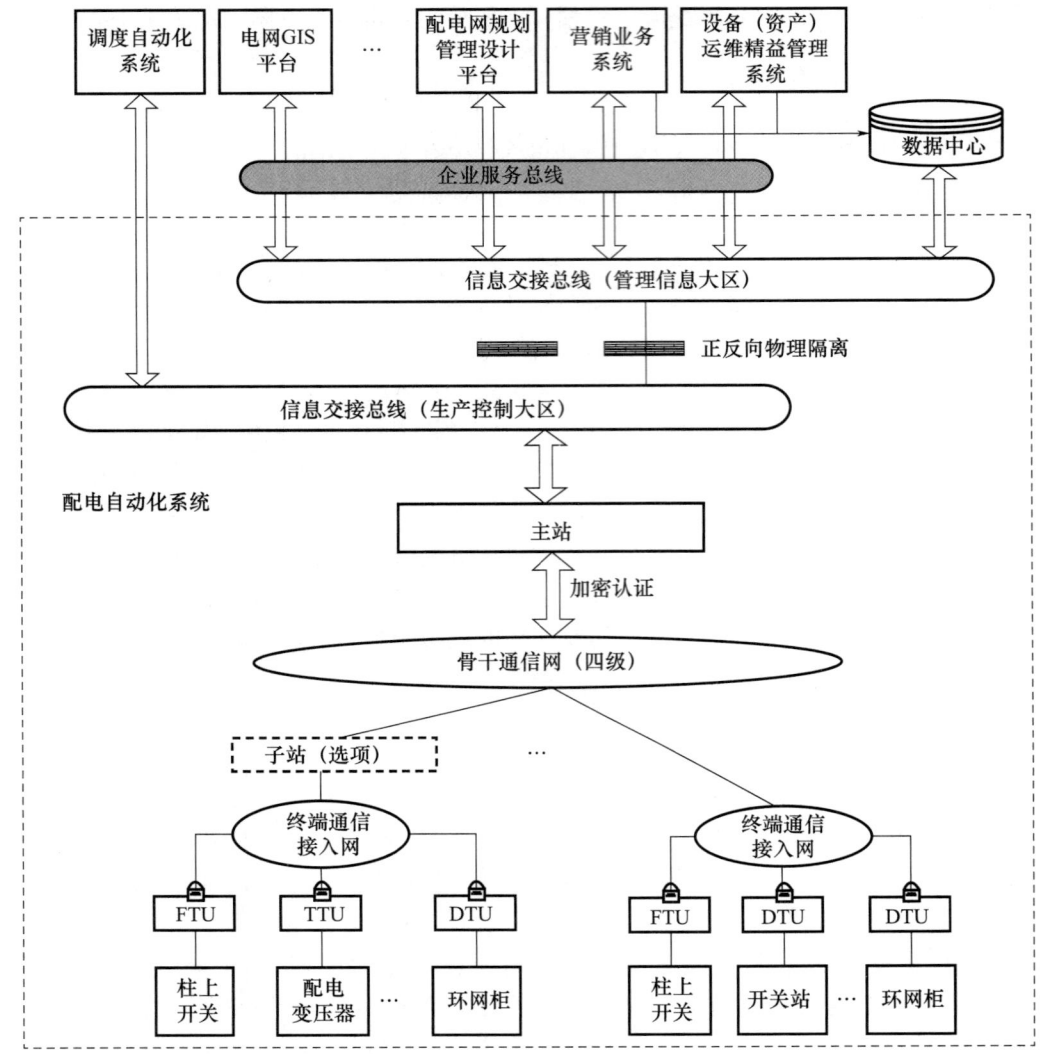

图 2-1 配电自动化系统构成

1. 配电自动化主站

配电自动化主站是实现数据采集、处理及存储、人机联系和各种应用功能的核心，主要由计算机硬件、操作系统、支撑平台软件和配电网应用软件组成。其中支撑平台包括系统数据总线和平台的多项基本服务，配电网应用软件包括配电 SCADA 等基本功能以及电网分析应用、智能化应用等扩展功能，支持通过信息交互总线实现与其他相关系统的信息交互。

2. 配电自动化子站

配电自动化子站是主站和终端链接的中间层设备，一般用于通信汇集，也可根据需要实现区域监控，配电子站通常根据配电自动化系统分层结构的情况而选用。

3. 配电自动化终端

配电终端为安装于中压配电网现场的各种远方监测、控制单元的总称。根据具体应用对象选择不同的类型，直接采集一次系统的信息并进行处理，接收配电站子站或主站的命令并执行，主要包括馈线终端、站所终端、配变终端等。配电终端如图 2-2 所示。

图 2-2 配电终端示意图

(1) 馈线终端（Feeder Terminal Unit，FTU），安装在配电网架空线路杆塔等处的配电终端，按照功能分为"三遥"终端和"二遥"终端，其中"二遥"终端又可分为基本型终端、标准型终端和动作型终端。FTU 通常具有模拟量信息的采集与处理、数字量信息的采集与处理、控制、统计、设置、对时、事故记录、自检和自恢复、通信等功能。

(2) 站所终端（Distribution Terminal Unit，DTU），安装在配电网开关站、配电室、环网单元、箱式变电站、电缆分支箱等处的配电终端，依照功能分为"三遥"终端和"二遥"终端，其中"二遥"终端又可分为标准型终端和动作型终端。DTU 通常具有状态量采集与监控、模拟量采集与监控、控制、设置、通信、自诊断等功能。

(3) 配变终端（Transformer Terminal Unit，TTU），安装在配电变压器低压出线处，用于监测配变各种运行参数的配电终端。TTU 通常具有信息采集和控制、通信等功能。

(4) 故障指示器（Fault Indicator，FI），安装在配电线路上用于检测线路发生短路和单相接地并发出报警信息的装置。FI 一般主要有以下几类。

1) 架空线型故障指示器。其传感器和显示部分集成于一个单元内，通过机械方式固定于架空线路的某一相线路上。

2) 电缆（母排）型故障指示器。其传感器和显示部分集成于一个单元内，通过机械方式固定于某一相电缆线路上，通常安装在电缆分支箱、环网柜、开关柜等配电设备上。

3) 面板型故障指示器。其由传感器和显示单元组成，通常显示单元镶嵌于环网柜、开关柜的操作面板上。传感器和显示单元采用光纤或无线等方式进行通信，一次和二次部分之间应可靠绝缘。

4. 配电自动化通信网络

通信网络是连接配电主站、配电子站和配电终端之间实现信息传输的通信网络，配电通信分为骨干网和接入网两层，骨干网的建设宜选用已建成的 SDH 光纤传输网扩容的方式，接入网的建设方案采用光纤 EPON、工业以太网、无线专网、无线公网 GPRS/CDMA 等通信方式相结合。

## 第二节 配电自动化主站系统

### 一、系统架构

配电自动化主站主要由计算机硬件、操作系统、支撑平台软件和配电网应用软件组成。其中，支撑平台包括系统信息交换总线和基础服务，配电网应用软件包括配电网运行监控与配电网运行状态管控两大类应用。配电自动化系统主站功能组成结构见图2-3。

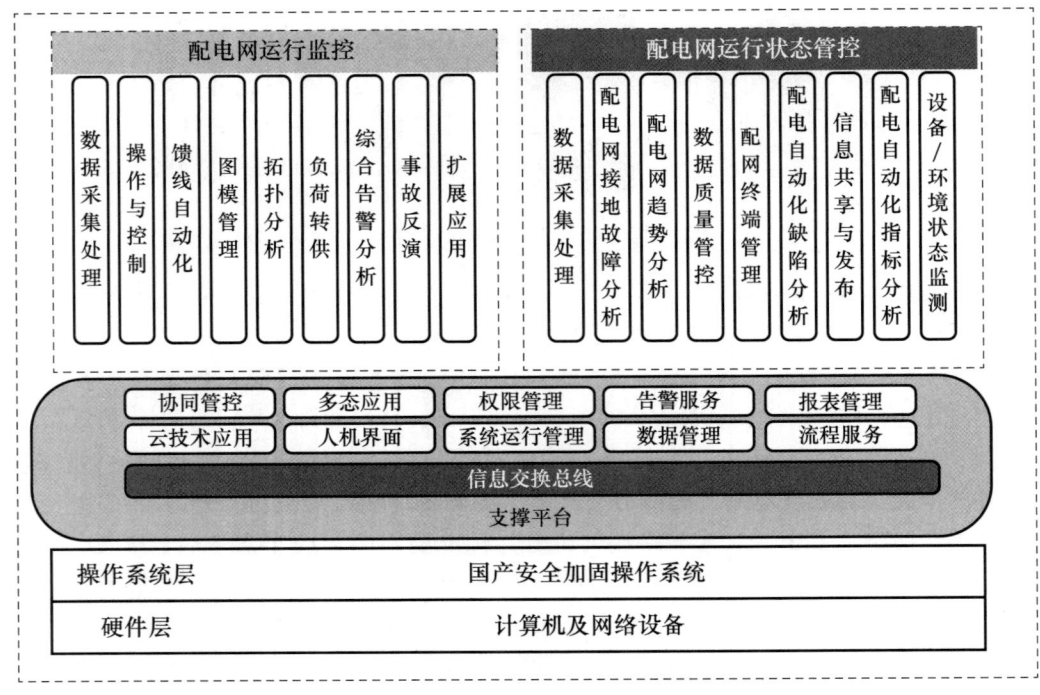

图 2-3 配电自动化系统主站功能组成结构

（1）"三遥"配电终端接入生产控制大区，"二遥"配电终端以及其他配电采集装置根据各地市公司要求和具体情况接入管理信息大区或生产控制大区。

（2）配电运行监控应用部署在生产控制大区，从管理信息大区调取所需实时数据、历史数据及分析结果。

（3）配电运行状态管控应用部署在管理信息大区，接收从生产控制大区推送的实时数据及分析结果。

（4）生产控制大区与管理信息大区基于统一支撑平台，通过协同管控机制实现权限、责任区、告警定义等的分区维护、统一管理，并保证管理信息大区不向生产控制大区发送权限修改、遥控等操作性指令。

（5）外部系统通过信息交换总线与配电主站实现信息交互。

（6）硬件采用物理计算机或虚拟化资源，操作系统采用国产化安全加固操作系统。

（7）主配电网自动化主站系统如采用一体化建设，应遵循主配网模型、信息采集、图形、告警分布存储的规范，实现统一用户界面实现主配网画面和数据的集中调用、分解融合、无缝切换，支持覆盖主配网系统的图形、告警、操作控制等需求，并在此基础上实现保供电区域分级运行风险分析、故障影响范围分析及快速恢复辅助策略等应用。

## 二、系统应用功能

主站是配电自动化系统的核心，配电自动化系统的绝大部分功能都是由主站独立完成,或是在主站的统一控制和管理下,与子站/终端配合共同完成,还有一些综合应用功能需要与外部系统进行信息交互来实现。

1. 主配一体支撑平台

支撑平台是配电网自动化主站系统开发和运行的基础,包含硬件、操作系统、数据管理、信息传输与交换、公共服务和功能六个层次,是指建立在计算机操作系统基础之上的基本平台和服务模块,采用面向服务的体系架构,为各类应用的开发、运行和管理提供通用的技术支撑,为整个系统的集成和高效可靠运行提供保障,为配电自动化系统横向集成、纵向贯通提供基础技术支撑。主配一体支撑平台层次结构如图2-4所示。

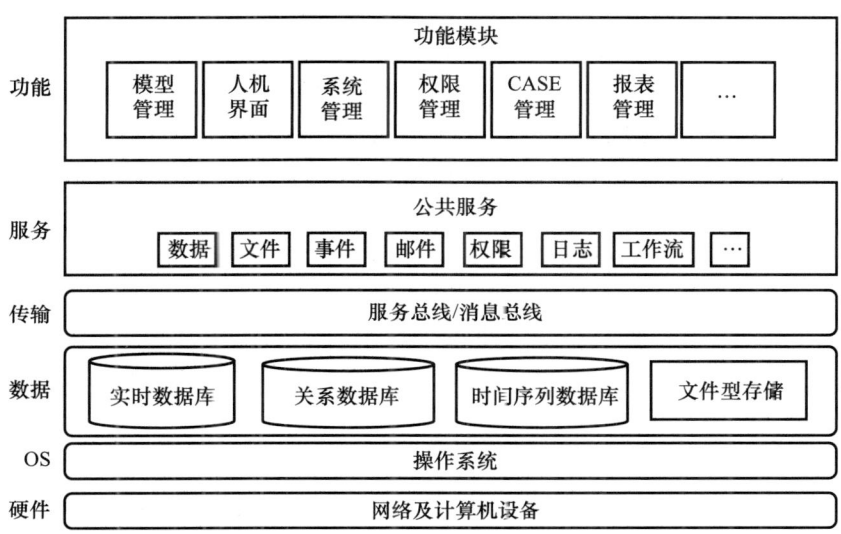

图 2-4 主配一体支撑平台层次结构

以经济适用、资源复用、信息共享、安全可靠原则,充分借鉴已有调度自动化先期建设成果,与主网自动化主站系统使用统一支撑平台,通过数据资源、技术资源、设备资源的共享,在已有调度自动化系统上扩展配网数据采集与监视、配网应用功能,实现主配网主站系统的一体化。

2. 配电运行监控功能

(1) 配电数据采集与处理

配电数据采集与处理也称为DSCADA,它是由若干最基本的实时监控功能组成,通过人机交互,实现配电网的运行监视和远方控制,为配电网调度和生产指挥提供服务,是配电自动化主站系统首先要实现的应用功能。

1) 数据采集。数据应具备对电力一次设备(线路、变压器、母线、开关等)有功、无功、电流、电压值以及主变挡位(有载调压分接头挡位)等模拟量和开关位置、保护动作状态以及远方控制投退信号等其他各种开关量和多状态数字量等实时数据的采集,满足配电网实时监测的需要。

2) 数据处理。数据处理应具备模拟量处理、状态量处理、非实测数据处理、点多源处理、数据质量码、平衡率计算、计算及统计等功能。

3) 数据记录。数据记录应具备对上一级电网调度自动化系统(一般指地调EMS)

或配电终端发生的事件顺序记录（SOE）、主站系统内所有实测数据和非实测数据进行周期采样以及自定义的数据点变化存储等提供数据记录功能。

4) 操作与控制。操作和控制应能对变电站内或线路上的自动化装置和电气设备实现人工置数、标识牌操作、闭锁和解锁操作、远方控制与调节功能，并且具有相应的操作权限控制功能。

（2）模型/图形管理

模型/图形管理分为网络建模、模型校验、设备异动管理、图形模型发布、图模数与终端调试等。

1) 网络建模。根据站所图、单线图等构成配电网络的图形和相应的模型数据，自动生成全网的静态网络拓扑模型，从电网GIS平台导入中压配网模型，以及从电网调度控制系统导入上级电网模型，并实现主配网的模型拼接，支持全网模型拼接与抽取。

2) 模型校验。根据电网模型信息及设备连接关系对图模数据进行静态分析。

3) 设备异动管理。满足对配电网动态变化管理的需要，反映配电网模型的动态变化过程，提供配电网各态模型的转换、比较、同步和维护功能。

（3）综合告警分析

综合告警分析实现告警信息在线综合处理、显示与推理，应支持汇集和处理各类告警信息，对大量告警信息进行分类管理和综合/压缩，利用形象直观的方式提供全面综合的告警提示，主要包括告警信息分类、告警智能推理、信息分区监管及分级通告、告警智能显示等。

（4）馈线自动化

当配电线路发生故障时，该功能根据从EMS和配电终端的故障信息进行自动化快速故障定位，并与配电终端配合进行故障隔离和非故障区域的恢复供电。该功能还支持各种拓扑结构的故障分析，并保证在电网的运行方式发生改变时对馈线自动化的处理不造成影响。

（5）拓扑分析应用

1) 拓扑分析。可以根据电网连接关系和设备的运行状态进行动态分析，分析结果可以应用于配电监控、安全约束等，也可以针对复杂的配电网络模型形成状态估计、潮流计算使用的计算模型。

2) 网络拓扑着色。网络拓扑着色对于配电网调度应用是一个实用性很强的功能。它可根据配电网开关的实时状态，确定系统中各种电气设备的带电状态，分析供电源点和各点供电路径，并将结果在人机界面上用不同的颜色表示出来。其主要包括电网运行状态着色、供电范围及供电路径着色、动态电源着色、负荷转供着色、故障指示着色、变电站供电范围着色等。

3) 负荷转供。负荷转供根据目标设备分析其影响负荷，并将受影响负荷安全转至新电源点，提出包括转供路径、转供容量在内的负荷转供操作方案。

4) 事故反演。系统检测到预定义的事故时，应能自动记录事故时刻前后一段时间的所有实时稳态信息，以便事后进行查看、分析和反演。

（6）选配功能

1) 分布式电源接入与控制。满足分布式电源/储能/微网接入带来的多电源、双向潮流分布情况下对配电网的运行监视和对多电源的接入、退出等控制和管理功能。实现分布式电源/储能/微网接入系统的配电网安全保护、独立运行以及多电源运行机制分析等功能。

2）专题图生成。以导入的全网模型为基础，应用拓扑分析技术进行局部抽取并做适当简化，生成相关电气图形。

3）状态估计。利用实时量测的冗余性，应用估计算法来检测与剔除坏数据，提高数据精度，实现配电网不良量测数据的辨识，并通过负荷估计及其他相容性分析方法进行数据修复和补充。

4）潮流计算。根据配电网络制定运行状态下的拓扑结构、负荷类设备的运行功率等数据，计算节点电压、支路潮流及功率分布，计算结果可支撑其他应用功能做进一步分析。

5）负荷预测。针对6~20kV母线、区域配电网进行负荷预测，在对系统历史负荷数据、气象因素、节假日以及特殊事件等信息分析的基础上，挖掘配电网负荷变化规律，建立预测模型，选择适合策略预测未来系统负荷变化。

6）解合环分析。与调度自动化系统进行信息交互，获取端口阻抗、潮流计算等计算结果，对指定方式下的解合环操作进行计算分析，结合计算分析结果对该解合环操作进行风险评估。

7）网络重构。配电网网络重构的目标是在满足安全约束的前提下，通过开关操作等方法改变配电线路的运行方式，消除支路过载和电压越限，平衡馈线负荷，降低线损。

8）自愈控制。配电网自愈控制综合应用配电网故障处理、安全运行分析、配电网状态估计和潮流计算等分析结果，循环诊断配电网当前所处运行状态，并进行控制策略决策，实现对配电网一、二次设备的自动控制，解除配电网故障，消除运行隐患，促使配电网转向更好的运行状态。

9）配电网经济运行。配电网经济优化运行的目标是在支持分布式电源分散接入条件下，从经济、安全方面对配电网运行方式进行分析，给出分布式电压无功资源协调控制方法，提高配电网经济运行水平。

3. 配电运行状态管控功能

（1）配电数据采集与处理

具体功能与配电运行监控功能中该部分相同，在此不再赘述。

（2）配电接地故障分析

当配电线路发生单相接地故障时，根据配电终端暂态录波的信息对接地故障进行判断和分析，主要包括故障录波数据采集和处理、故障录波信息分析与展现、线路单相接地定位分析、地理位置定位、单相接地故障处理、历史数据应用等。

（3）配电网运行趋势分析

配电网运行趋势分析利用配电自动化数据，对配电网运行进行趋势分析，实现提前预警，支持对配变/线路重载/过载趋势分析与预警、重要用户丢失电源或电源重载等安全运行预警/配电网运行方式调整时的供电安全分析与预警、设备异常趋势分析与告警等。

（4）数据质量管控

数据管控对采集到的实时数据和历史数据的质量进行分析处理。实时数据质量管控支持设备电流、电压、有功功率、无功功率、电量合理性校验，支持母线量测不平衡检查，支持设备状态遥测、遥信一致性校核，支持馈线遥测一致性检查；历史数据质量管控支持历史数据完整性校验、补招和补全功能。

(5) 配电终端管理

终端管理实现配电终端的综合监视与管理,实现配电终端参数远程调阅及设定、历史数据查询与处理、蓄电池远程管理、运行工况监视及统计分析、通信通道流量统计及异常报警等功能。

(6) 配电网供电能力分析评估

利用配电自动化运行数据,结合已有配电网模型及参数,对配电网供电能力进行评估分析,支持对配电网网架供电能力薄弱环节分析;支持对配电网负荷分布统计分析,对负荷区域分布、时段分布、区域负荷密度、负荷增长率等数据的分析计算;支持线路和设备重载、过载、季节性用电特性分析与预警;支持线路在线 $N-1$ 分析。

4. 集成用电信息采集系统数据

用电信息采集系统数据接入配电自动化系统,贯通营销基础平台、用电信息采集系统和配电自动化系统,能够进一步提升配电网可观可测能力。集成用电信息采集系统数据总体架构如图 2-5 所示。

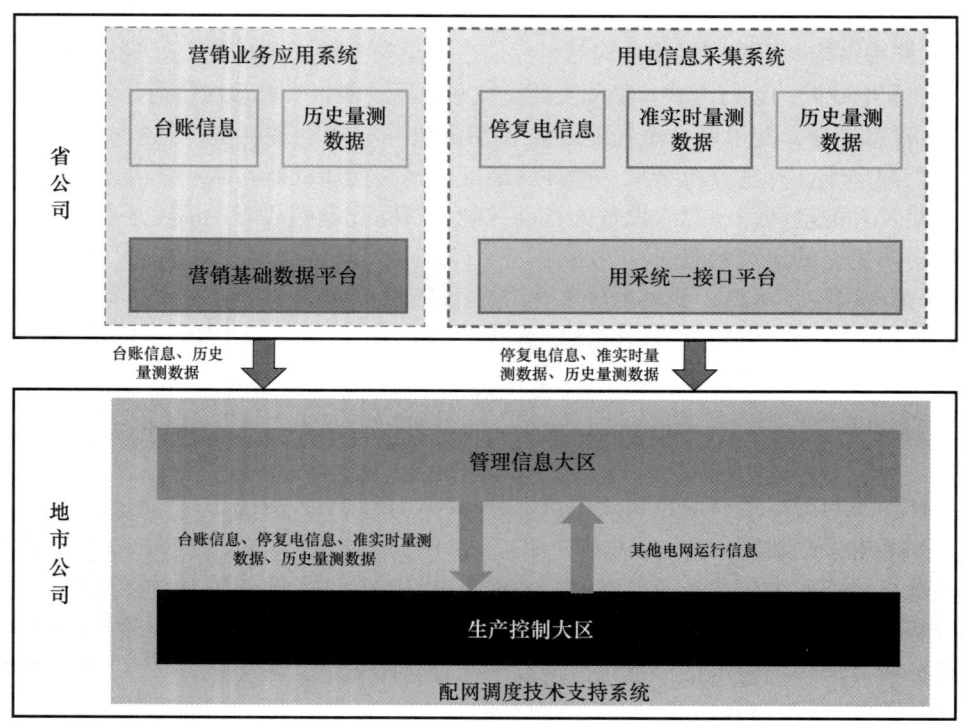

图 2-5 集成用电信息采集系统数据总体架构图

配电自动化系统从营销系统获取台账信息和配变历史数据,从用电信息采集系统获取配变停复电事件和准实时量测数据,并具备通过用电信息采集获取历史量测数据的功能。

集成用电信息采集系统数据目前可实现或优化的应用功能主要包括:故障停电研判、配变运行趋势分析、配变运行负荷查询、配变停复电事件查询、配变运行状态着色、配变数据透抄等。

## 三、主配一体化主站系统

伴随着城市大电网快速建设发展,主配电网间相互依赖的运行特性愈加显现。一是供电可靠性需求的提升亟须调配运方计划调整的一体化,输电网在制定运行方式计划时更加注重对配电侧重要用户的影响,尤其是在保电的过程中,需要垂直贯通主配电网一体化监控,清晰反映上级主网电源至保电用户整个供电路径的运行情况;二是应对上级电网突发故障的应急响应亟须主配协调控制的一体化,一旦出现变电站全站失电的情况,配网大面积负荷的快速转移需要在大电网层面统筹协调控制,避免负荷转移过程中产生二次越限事故;三是分布式电源以及多元负荷的引入亟须主配电网分析能力的一体化,越来越多的智能园区、微电网等新型有源负荷并入配电网,需要有主配一体化的分析手段来支撑大电网的安全稳定运行。由此可见,面对日益涌现的上述主配一体化调控需求,构建实现主配电网调度自动化系统的一体化、标准化、互动化,大幅减少调配独立维护工作量,适应管理模式转变,提高电网调度运行的可靠性和经济性,已经成为重要的发展方向。

建设主配一体化调度自动化系统,解决各个不同电压等级的电网、发电、用电信息资源与数据分布接入控制系统后的融合问题,依据《国调中心关于进一步完善配电网调度技术支持系统图形模型的通知》(调技〔2017〕54号)提出主配网模型、信息采集、图形、告警分布存储的规范,实现主配网画面和数据的集中调用、分解融合、无缝切换,支持覆盖主配网系统的图形、告警、操作控制等需求,并在此基础上实现保供电区域分级运行风险分析、故障影响范围分析及快速恢复辅助策略等应用。

主配一体化调度自动化系统总体功能架构如图2-6所示。

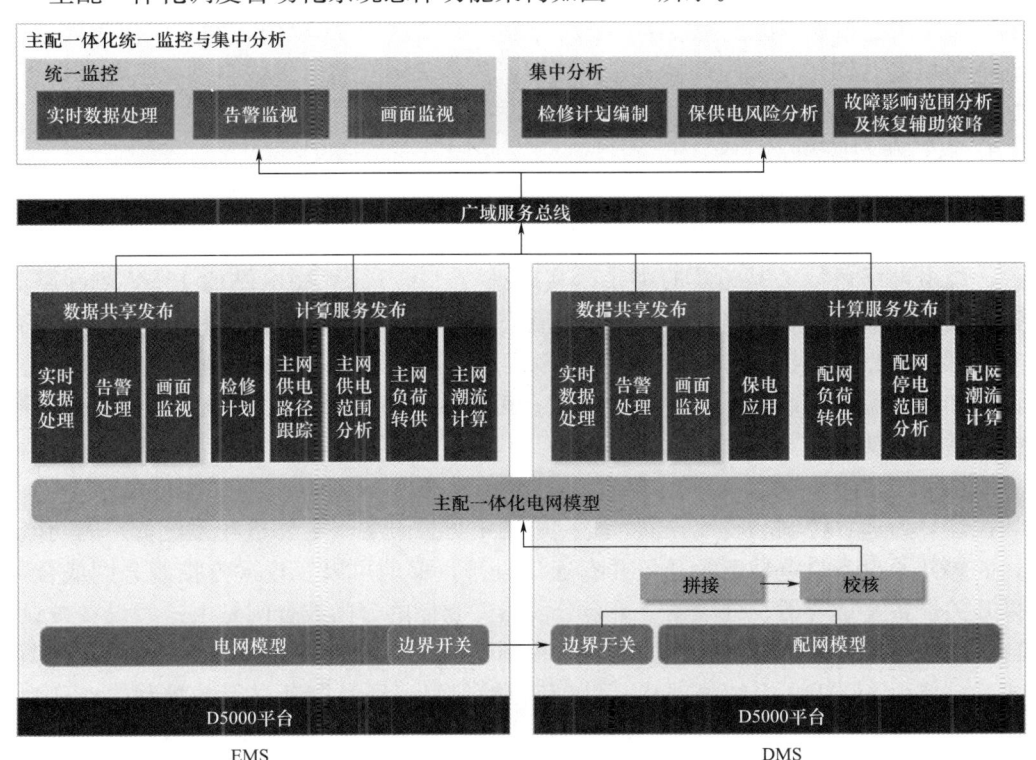

图2-6 主配一体化调度自动化系统总体功能架构

主配一体化协同运行架构，综合考虑调配电自动化系统运行可靠性、可维护性以及弹性扩展等特点，采用动态耦合方式实现主配网高级应用协同运行，即主、配网调度控制系统基于统一模型，通过信息交互总线实现调配间计算服务的动态调用和分析结果的按需共享，该模式既能满足当前电力调度控制系统和配电自动化系统独立建设、独立运行的特点，也能满足调配协同运行的业务需求。

## 第三节　馈线自动化

馈线自动化（Feeder Automation，FA）又称配电线路自动化，它是配电自动化的重要组成部分，是配电自动化的基础，也是实现配电自动化的主要监控系统之一。馈线自动化是指在正常情况下，远方实时监视馈线分段断路器与联络断路器的状态和馈线电流、电压情况，并实现线路断路器的远方合闸和分闸操作，在故障时获取故障记录，并自动判别和隔离馈线故障区段，恢复对非故障区域供电。

### 一、FA 主要功能

馈线自动化是提高配电网可靠性的关键技术之一。配电网的可靠、经济运行在很大程度上取决于配电网结构的合理性、可靠性、灵活性和经济性，这些又与配电网的自动化程度紧密相关。通过实施馈线自动化技术，可以使馈线在运行中发生故障时，能自动进行故障定位，实施故障隔离和恢复对健全区域的供电，提高供电可靠性。传统的 FA 依赖重合器顺序重合或主站遥控实现其控制功能，处理时间约数分钟。高级配电自动化中的 FA 应用分布式智能控制技术，能将控制时间减少至 1s 以内，同时应用闭环运行、动态电压恢复、DER、微网等技术，实现馈线故障无缝自愈。馈线自动化主要有以下几个功能。

1. 运行状态监测

主要进行馈线运行数据的采集与监控。监控内容主要包括所有被监控的线路（包括主干线和各支路）的电压幅值、电流、有功功率、无功功率、功率因数、电能量等电气参数，配电网络运行工况的实时显示（实时监视 110/10kV 变电站的 10kV 侧断路器，线路分段断路器，联络断路器等设备运行状态；状态线路分段断路器和联络断路器的遥控）；故障记录和越限报警处理；事件顺序记录；扰动后记录；报表生成和打印；必备的计算和图形编辑。通过运行状态的监测，可以实现远动或者"四遥"（遥信、遥测、遥控、遥调）功能。

2. 控制功能

控制分为远方控制和就地控制，与配电网中可控设备（主要是开关设备）的功能有关。如果开关设备是电动负荷开关并有通信设备，那就可以实现远方控制分闸或合闸；如果开关设备是重合器、分段器、重合分段器，它们的分闸或合闸是由这些设备被设定的自身功能所控制，这称为就地控制远方控制又可以分为集中式和分散式两类。所谓集中式，是指由 SCADA 系统根据从 FTU 获得的信息，经过判断进行的控制，也称为主从式；分散式是指 FTU 向馈线中相关的开关控制设备发出信息，各控制器根据收到的信息综合判断后实施对所控开关设备的控制，也称为 Peer to Peer 方式（点对点方式）。

除了上述事故状态下的控制以外，在正常运行时还可以实行优化控制，如选择线损最小或较小的运行方式对开关设备进行控制。

3. 故障定位和网络重构

在配电网中，若发生永久性故障，通过开关设备的顺序动作实现故障区隔离，在环网运行或环网结构、开环运行的配电网中实现负荷转供，恢复供电。当切除了配电网中的故障设备后，在满足一定约束的条件下，为了减少停电面积从而尽可能地保证用户供电而进行的网络结构调整，称为配电网故障后重构。这一过程是自动进行的。在发生瞬时性故障时，因切断故障电流后故障自动消失，所以可以通过开关自动重合而恢复对负荷的供电。

4. 无功补偿和调压

馈线自动化主要是通过线路上无功补偿电容器的自动投切控制和电压调节器调节实现电压控制。配电网中无功补偿设备主要有安装在变电站和安装在用户端两种。前者在变电站自动化中加以控制和调节；后者一般为就地控制。但是在小容量配电变压器难以实现就地补偿的情况下，在中压的配电线路上进行无功补偿仍有广泛的应用。通常采用自动投切开关或安装控制器两种方法加以实施。配电网内无功补偿设备的投切一般不作全网络的无功优化计算，而是以某个控制点（通常是补偿设备的接入点）的电压幅值为控制参数，有的还采用线路或变压器潮流的功率因数和电压幅值两个参数的组合作为控制参数。这一功能旨在保持电压水平，提高电压质量，并减少线损。

## 二、FA 主要类型

馈线自动化主要采用就地、集中两种方式实现。配电主干环路主要采用集中控制的方式，通过主站系统协调，借助通信信息来实现控制；支线、辐射供电多采用就地控制方式，局部范围实现快速控制。近些年来，随着自动化程度的提升，还增加了主站集中式与就地分布式协调配合的智能分布式控制方式。

1. 主站集中式

集中式 FA 主要功能是通过分析主网 EMS 系统、配电终端设备等上送的开关变位、保护动作、故障指示等信号，实现对配电网故障的实时检测和故障定位，并生成故障处理方案，可根据具体情况由人工确认或者自动执行相应的开关控制操作实现对故障区域的隔离和非故障停电区域的恢复供电。

主站集中式 FA 主要由配网主站利用通信系统通过与主网 EMS 系统、配电终端设备进行通信，采集变电站内电网设备、配网开关、架空和电缆线段的正常运行信息以及配网故障时的开关位置、保护信号、故障指示等变位信号，结合配电网的拓扑信息实现配电网故障的定位、隔离和非故障区域恢复供电功能。主站集中式 FA 功能需要配网主站、配电终端设备、主网 EMS 系统、通信系统等相互配合完成，集中式 FA 处理架构如图 2-7 所示。

主站集中式 FA 通过全面采集主网 EMS、配电终端上送运行和故障信息以及配电网络拓扑信息，实现配电网故障的识别、定位、隔离和恢复功能，具有很强的灵活性。下面以故障定位和隔离为例，对处理过程加以阐述。

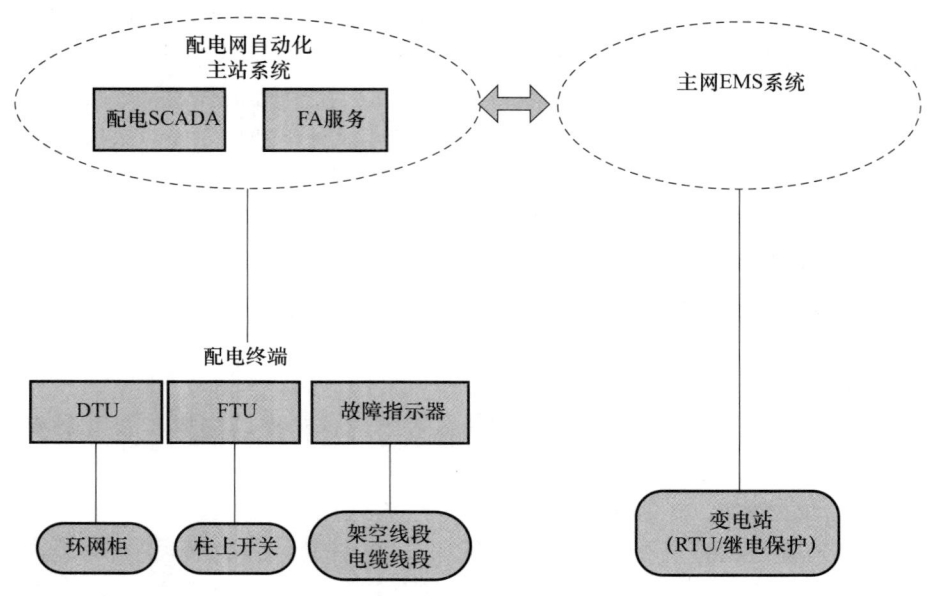

图 2-7 集中式 FA 处理架构

（1）故障定位

故障定位功能实现识别配电网发生瞬时故障或永久故障，并确定故障可能出现的最小范围区域。根据 FA 启动馈线的相关上送开关变位信号、保护动作信号和故障信号，按照故障前的配电网供电拓扑关系，根据故障发生在最末端上报故障信号的配电终端之后的原则可确定具体的故障位置区段。故障区域范围是由可上报故障信号能力的设备和故障前处于分闸状态的开关作为边界的范围区域。对于瞬时故障，只进行故障定位处理。对于永久性故障，则进行后续的故障隔离和非故障区恢复供电处理。

1）开环运行馈线的故障点确定：故障点位于上报了过流故障信号（事故总、各种过流保护动作等）或单相接地故障信号的设备之后，并且位于具备上报过流故障信号或单相接地故障信号能力但是没有上报对应故障信号的设备之前。从电源点（变电站出口开关）出发进行拓扑搜索，如果某上报了故障信号设备之后没有设备上报故障信号，则说明故障点在此设备之后。

2）对于环网运行供电线路，如果上送故障信号中需包含故障方向信息，则结合故障方向信息，按照故障点只有故障流入方向没有故障流出方向的原则进行识别故障点设备。如果不具备故障方向信号，则环网运行时将只进行故障启动定位，不进行故障隔离和故障恢复功能。

3）故障区域及边界确定：以故障点位置为起点，根据拓扑关系搜索所连接设备，直到遇到以下情况之一停止：

a. 分闸的开关设备；

b. 具备上报对应故障信号能力且 FA 功能未被闭锁以及设备通信正常；

c. 停止继续搜索的设备是故障边界设备，搜索路径上的设备属于故障区域内设备，可实现故障区域着色。

4) 瞬时/永久短路故障识别：统计此故障发生引起的跳闸开关信息，检查故障点上游的跳闸开关当前开关状态是否为合闸，确定故障点当前是否带电，如果故障点带电，则说明通过重新合闸已经恢复了故障区供电，认为是瞬时故障，否则认为是永久故障。

5) 对于瞬时故障，只给出定位结果。不进行后续的故障隔离和恢复。

如图 2-8 所示，根据拓扑分析可确定故障点在开关 FS2 之后，并搜索故障区域边界，由于 FS3 和 YS2 开关具备上送过流动作信号能力但是没有相关信号动作变位信息，因此确定故障发生在 FS2、FS3 和 YS2 开关之间的区域。

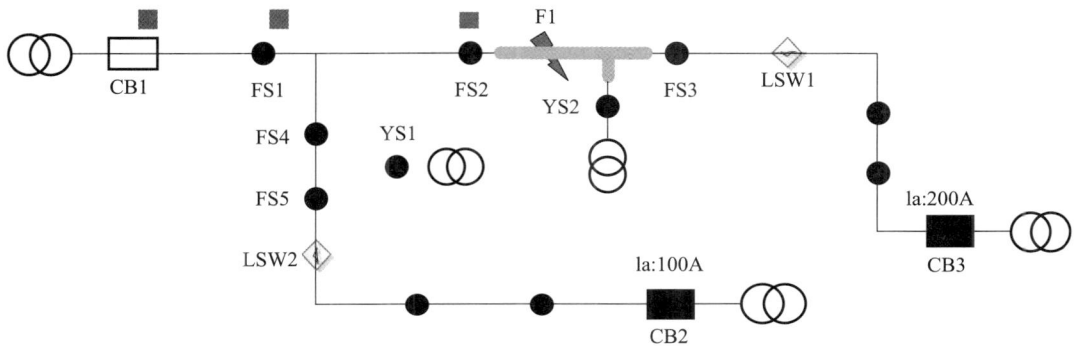

图 2-8 故障定位示意图

注：CB1~CB3 为变电站 10kV 出线开关；FS1~FS5/YS1~YS2 为具备配电自动化功能的柱上断路器或负荷开关（分段）；LSW1/LSW2 为具备配电自动化功能的柱上断路器（联络）。

（2）故障隔离

根据故障定位出的故障区域范围，搜索故障区域的边界开关（对应开关安装了配电终端的或者是分闸状态的开关，则对应开关就是边界开关），故障前处于合闸状态的边界开关就是故障隔离方案中需操作的开关。对故障后仍处于合闸位置的开关进行分闸操作（可人工或者自动执行），就可完成对故障的隔离。变电站出线开关由相应的保护装置实现隔离操作，不包含在配电主站的隔离方案中。如果配置为自动故障隔离，则直接自动下发开关遥控操作命令，实现故障区域隔离。

故障隔离的关键处理过程如下。

1) 从故障点向外进行拓扑连接搜索，确定故障区域的自动化边界开关设备。如果是自动隔离，则边界开关需要当前具备支持遥控功能，如果是人工隔离，则二遥开关可作为边界开关。

2) 搜索到的故障前为合闸状态的边界开关形成故障隔离方案。

3) 根据具体配置情况，可实现对负荷分支开关、分布式电源并网开关是否参与故障隔离，以减少隔离开关操作数量以及确保分布式电源可靠离网。

4) 检查故障边界开关的当前开关状态，如果当前开关状态为分闸，则说明此开关已经被就地自动化操作执行成功了，应记录操作时间。

5) 如果是开关当前为合闸且是自动隔离模式，则下发遥控命令给当前处于合闸的边界开关，实现故障隔离。如果遥控操作失败，则可进行扩大故障范围搜索开关实现故障隔离扩控处理。

如图 2-9 所示，根据故障隔离方案搜索方法，从故障点向外搜索可查找到可遥控操作的开关包括 FS2、FS3、YS2 开关，因此故障隔离方案为分闸 FS2、FS3，开关 YS2（配置了隔离负荷分支开关时）。

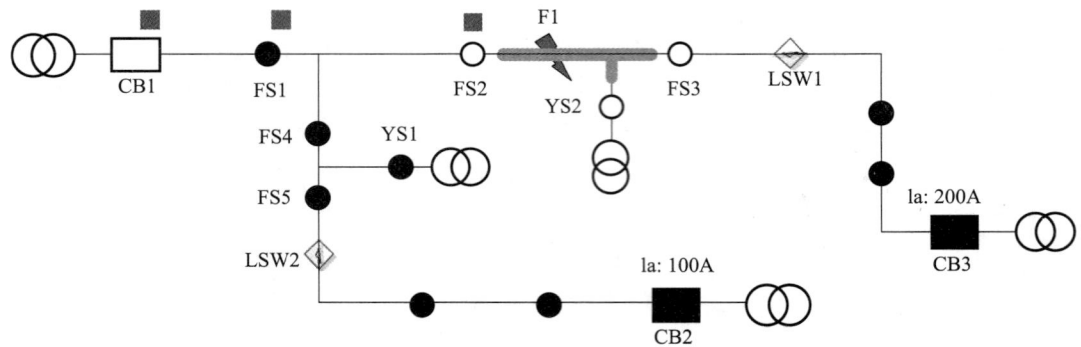

图 2-9　故障隔离示意图

注：CB1～CB3 为变电站 10kV 出线开关；FS1～FS5/YS1～YS2 为具备配电自动化功能的
柱上断路器或负荷开关（分段）；LSW1/LSW2 为具备配电自动化功能的柱上断路器（联络）。

**2. 传统就地型**

传统就地型主要以电压-时间型为主，使用区域多为 C/D 类供电区域，大多为架空线路，供电可靠性要求相对低，综合考虑用户重要性、供电可靠性和投资规模，采用无线通信方式，实现就地型馈线自动化，就地自动化典型应用配置如图 2-10 所示。

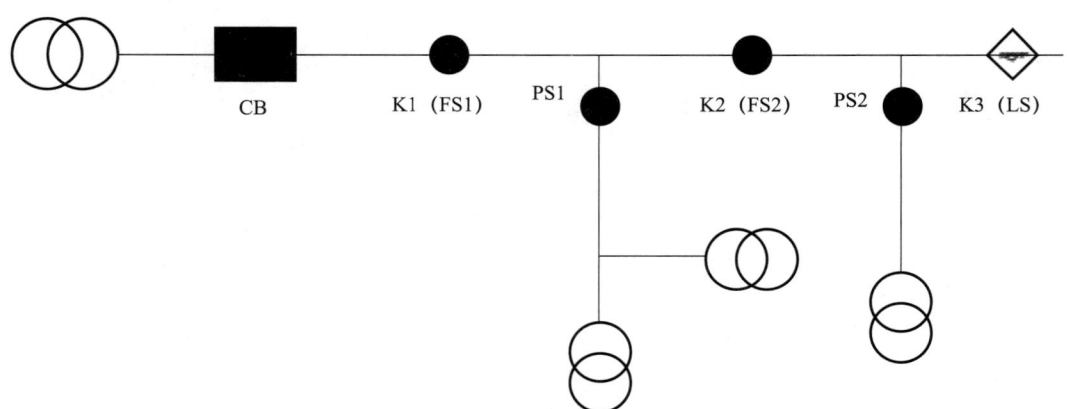

图 2-10　就地自动化典型应用配置图

注：CB 为变电站 10kV 出线开关；K1（FS1）为具有接地故障选线功能的柱上断路器；
K2/K3（FS2/LS）为具有选段功能的电压型负荷开关（分段/联络）；PS1～PS2 为柱上分界负荷开关。

电压-时间型馈线自动化具备小电流接地系统单相接地故障选线功能，不依赖于通信和配电自动化主站，有效识别各种接地系统的瞬时性和永久性故障，就地快速定位、可靠隔离线路单相接地和相间短路故障。同时，利用无线通信接入网络，依托现有配电自动化主站升级扩容，实现远方日常监视和控制、快速恢复供电。下面分别以瞬时性故障和永久性故障为例，对处理过程简要阐述，动作逻辑关键参数见表 2-1。

表 2-1　动作逻辑关键参数

| 序号 | 参数名称 | 单位 | 默认值 | 参数含义 |
|---|---|---|---|---|
| 1 | 选线断路器 | s | — | 3次重合闸；与CB具备时间级差 |
| 2 | S/L 模式 | — | 0/1 | 分段或联络模式 |
| 3 | $X$ 时间 | s | 7 | 开关关前电源侧故障检测时间 |
| 4 | $XL$ 时间 | s | 45 | 联络开关合闸等待时间（自动投入时） |
| 5 | $Y$ 时间 | s | 5 | 开关关后负荷侧故障确认时间 |
| 6 | $Z$ 时间 | s | 3.5 | 瞬时性故障确认时间 |

(1) 瞬时性故障

1) 10kV 线路瞬时性故障动作逻辑

线路短路故障发生时，选线断路器跳闸，1.5s 重合，由于重合时间小于 $Z$ 时间（3.5s），选段开关不延时合闸快速恢复送电。在图 2-11 中，接地故障发生时由选线断路器 FS1 开关跳闸、重合，快速恢复送电。CB 开关具备 1 次重合闸，重合闸时间为 1.5s（或 2.5s）。线路短路故障发生时，若选线断路器拒动或 CB 开关先于选线断路器跳闸，则 CB 开关 1.5s 重合，由于重合时间小于 $Z$ 时间（3.5s），选段开关不延时合闸快速恢复送电。

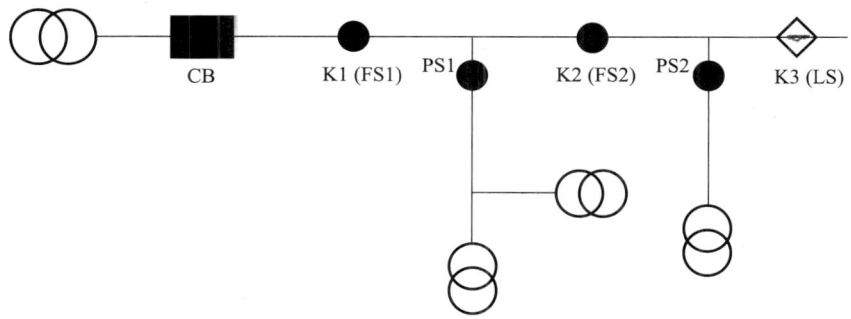

图 2-11　就地自动化典型应用配置图

注：CB 为变电站 10kV 出线开关；K1（FS1）为具有接地故障选线功能的柱上断路器；K2/K3（FS2/LS）为具有选段功能的电压型负荷开关（分段/联络）；PS1～PS2 为柱上分界负荷开关。

2) 上级线路瞬时性故障动作逻辑

变电站 110kV 备自投装置动作，4.5～5s 切除故障电源，0.5s 投入备用电源；10kV/20kV 备自投装置动作，5～5.5s 切除故障电源，0.5s 投入备用电源。上级线路发生瞬时性故障时，10kV/20kV 开关失电、不分闸，10kV 线路选线断路器不分闸、选段开关分闸[同时馈线终端 FTU 未检测到故障电流（线路未发生故障）]，在备自投装置动作投入备用电源后，线路恢复供电时间（约 6s）虽大于 $Z$ 时间（3.5s），但因 FTU 并未检测到故障电流，选段开关得电后不延时立即合闸，线路快速恢复供电。

(2) 永久性故障

1) 短路故障发生时，先经历 10kV 线路瞬时性故障动作逻辑过程（躲避瞬时性故障），在选线断路器第 2 次重合闸（10s）后，线路选段开关 $X$ 时间依次延时合闸，合到故障点，故障点前端开关 $Y$ 时间内跳闸并闭锁合闸，故障点后端开关 $X$ 时间内跳闸并闭锁合闸，隔离故障区段。

2）接地故障发生时，变电站接地告警，选线断路器接地保护跳闸选出故障线路，选段开关因线路失电而分闸，然后选线断路器延时重合，选段开关依据零序电压-时间逻辑隔离故障。

3. 智能分布式

随着光纤通信技术的成熟和成本的大幅降低、CPU处理能力的大幅提升、主网的差动保护技术得以在配电网中应用；同时随着电力可靠供电要求的逐步提升，高可靠性供电区域要求能够实现电力不间断持续供电，将事故隔离时间缩短至毫秒级，实现区域不停电服务，这对传统配电自动化的处理能力和时延等提出了更加严峻的挑战。未来随着分布式新能源的接入、电动汽车充电负荷的大量接入也对当前配电网的保护模式和运维方式提出了严峻的考验。因此，智能分布式FA成为当前的研究重点，并且应用范围逐步扩大，必将成为未来配网自动化发展的方向和趋势之一。

智能分布式FA是利用良好的网络通信实现的具有特殊原理的全线区域性馈线保护，其采用了一种全新的保护配合思路，来解决传统保护和集中仲裁式保护存在的问题。其基本原理是：在线路发生故障后，终端检出故障，并与相邻终端彼此相互通信，收集相邻开关的故障信息，综合比较后确定出发生故障的区段，最终隔离故障，并恢复非故障区的供电。智能分布式由于具有快速、简单、拓扑变化维护量小、简单统一等优点，因此，逐步得到了越来越多的应用。

基于光纤通信的分布式馈线自动化是一种集传统的三遥以及快速的配电网故障定位、隔离和非故障区域快速恢复供电的配网自动化解决方案。它通过配电终端之间互相连接的光纤网络实时交互瞬时采样信息、就地监视信息以及实时拓扑信息从而实现配电网故障定位、故障隔离和非故障区域恢复供电，并将故障处理的结果上报给配电主站。它同时通过光纤网络与配电自动化后台连接实现传统配电自动化的三遥功能。被保护区域内，各核心单元之间采用手拉手光纤实现通信连接；相邻设备之间实时交互模拟量采样数据，以实现针对被保护区域内主干线路的纵联电流差动保护；所有设备之间实时交互系统状态信息（断路器位置状态、有压无压等），用于故障隔离与自愈合闸。各核心单元基于就地采集的母线上各支路电流，采用母差或简易母差算法实现母线保护功能；基于就地模拟量信息，采用三段式过流保护和三段式零序过流保护，实现针对馈出线的保护功能。基于12800Hz高速采样，采用暂态法与稳态法相结合的方法实现小电流接地方向判别，并基于方向判别结果实现小电流接地选线与定位。在故障定位的基础上，核心单元基于实时交互的系统状态信息，快速实现故障隔离和非故障失电区域供电。终端同时具备针对所有馈线的三遥功能，可实时上送本地状态信息和接收主站遥控命令，三遥功能可经加密。

## 第四节　网络安全防护

现场配电终端主要通过光纤、无线网络等通信方式接入配电自动化系统，由于目前安全防护措施相对薄弱以及黑客攻击手段的增强，致使点多面广、分布广泛的配电自动化系统面临来自公网或专网的网络攻击风险，进而影响配电系统对用户的安全可靠供电，同时，当前国际安全形势出现了新的变化，攻击者存在通过配电终端误报故障信息等方式迂回攻击主站，进而造成更大范围的安全威胁。

## 一、总体要求

**1. 防护目标**

抵御黑客、恶意代码等通过各种形式对配电自动化系统发起的恶意破坏和攻击，以及其他非法操作，防止系统瘫痪和失控，并由此导致的配电网一次系统事故。

**2. 防护原则**

（1）参照"安全分区、网络专用、横向隔离、纵向认证"的原则，针对配电自动化系统点多面广、分布广泛、户外运行等特点，采用基于数字证书的认证技术及基于国产商用密码算法的加密技术，实现配电主站与配电终端间的双向身份鉴别及业务数据的加密，确保完整性和机密性。

（2）加强配电主站边界安全防护，与主网调度自动化系统之间采用横向单向安全隔离装置，接入生产控制大区的配电终端均通过安全接入区接入配电主站；加强配电终端服务和端口管理、密码管理、运维管控、内嵌安全芯片等措施。提高终端的防护水平。

## 二、边界划分

**1. 整体要求**

无论采用光纤或无线的通信方式，都应采用基于数字证书的认证技术及基于国产商用密码算法的加密技术进行安全防护。

（1）当采用 EPON、GPON 或光以太网络等技术时应使用独立纤芯或波长。

（2）当采用 230MHz 等电力无线专网时，应采用相应安全防护措施。

（3）当采用 GPRS/CDMA 等公共无线网络时，应当启用公网自身提供的安全措施，包括以下几项。

1）采用 APN＋VPN 或 VPDN 技术实现无线虚拟专有通道。

2）通过认证服务器对接入终端进行身份认证和地址分配。

3）在主站系统和公共网络采用有线专线＋GRE 等手段。

**2. 典型边界结构**

配电自动化系统的典型结构如图 2-12 所示。按照配电自化系统的结构，安全防护分为以下七个部分。

（1）生产控制大区采集应用部分与调度自动化系统边界的安全防护（B1）。

（2）生产控制大区采集应用部分与管理信息大区采集应用部分边界的安全防护（B2）。

（3）生产控制大区采集应用部分与安全接入区边界的安全防护（B3）。

（4）安全接入区纵向通信的安全防护（B4）。

（5）管理信息大区采集应用部分纵向通信的安全防护（B5）。

（6）配电终端的安全防护（B6）。

（7）管理信息大区采集应用部分与其他系统边界的安全防护（B7）。

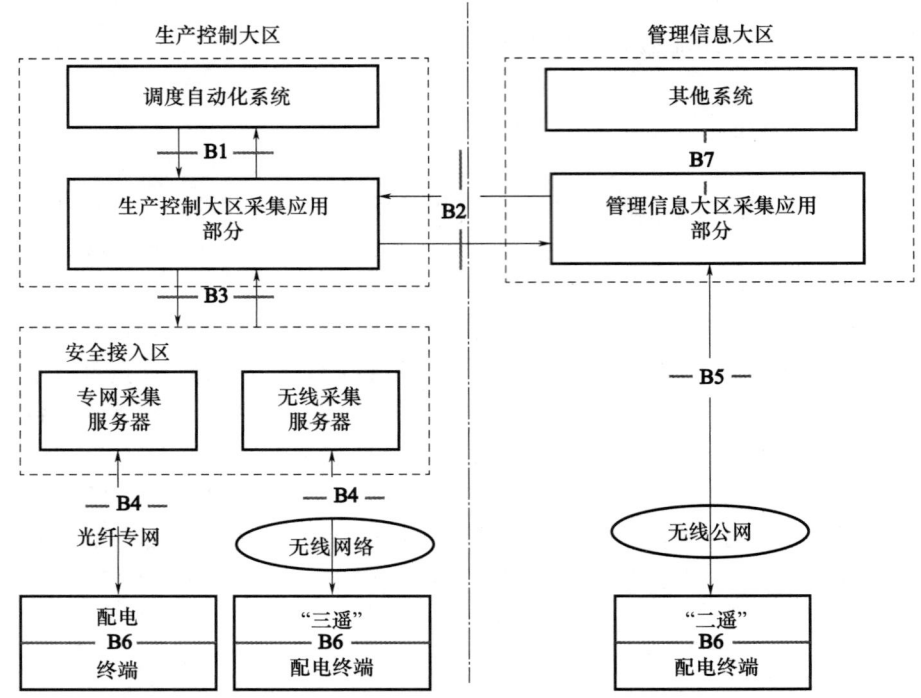

图 2-12 配电自动化主站系统边界划分示意图

### 三、安全防护方案

1. 生产控制大区的安全防护

（1）内部安全防护

无论采用何种通信方式，生产控制大区采集应用部分主机应采用经国家指定部门认证的安全加固的操作系统，采用用户名/强口令、动态口令、物理设备、生物识别、数字证书等两种或两种以上组合方式，实现用户身份认证及账号管理。

生产控制大区采集应用部分应配置配电加密认证装置，对下行控制命令、远程参数设置等报文采用国产商用非对称密码算法（SM2、SM3）进行签名操作，实现配电终端对配电主站的身份鉴别与报文完整性保护；对配电终端与主站之间的业务数据采用国产商用对称密码算法（SM1）进行加解密操作，保障业务数据的安全性。

（2）边界安全防护

1）生产控制大区采集应用部分与调度自动化系统边界 B1，应部署电力专用横向单向安全隔离装置（部署正、反向隔离装置）。

2）生产控制大区采集应用部分与管理信息大区采集应用部分边界 B2，应部署电力专用横向单向安全隔离装置（部署正、反向隔离装置）。

3）生产控制大区采集应用部分与安全接入区边界 B3，应部署电力专用横向单向安全隔离装置（部署正、反向隔离装置）。

2. 安全接入区纵向通信的安全防护

安全接入区纵向通信的安全防护 B4，必须采用经国家指定部门认证的安全加固操作系统，采用用户名/强口令、动态口令、物理设备、生物识别、数字证书等至少一种措施，实现用户身份认证及账号管理。

(1) 当采用专用通信网络时，相关的安全防护措施包括：

1) 应当使用独立纤芯（或波长），保证网络隔离通信安全。

2) 应在安全接入区配置配电安全接入网关，采用国产商用非对称密码算法实现配电安全接入网关与配电终端的双向身份认证。

(2) 当采用无线专网时，相关安全防护措施包括：

1) 应启用无线网络自身提供的链路接入安全措施。

2) 应在安全接入区配置配电安全接入网关，采用国产商用非对称密码算法实现配电安全接入网关与配电终端的双向身份认证。

3) 应配置硬件防火墙，实现无线网络与安全接入区的隔离。

3. 管理信息大区采集应用部分纵向通信的安全防护 B5

配电终端主要通过公共无线网络接入管理信息大区采集应用部分，首先应启用公网自身提供的安全措施；采用硬件防火墙、数据隔离组件和配电加密认证装置。

"硬件防火墙＋数据隔离组件＋配电加密认证装置"方案如图 2-13 所示。

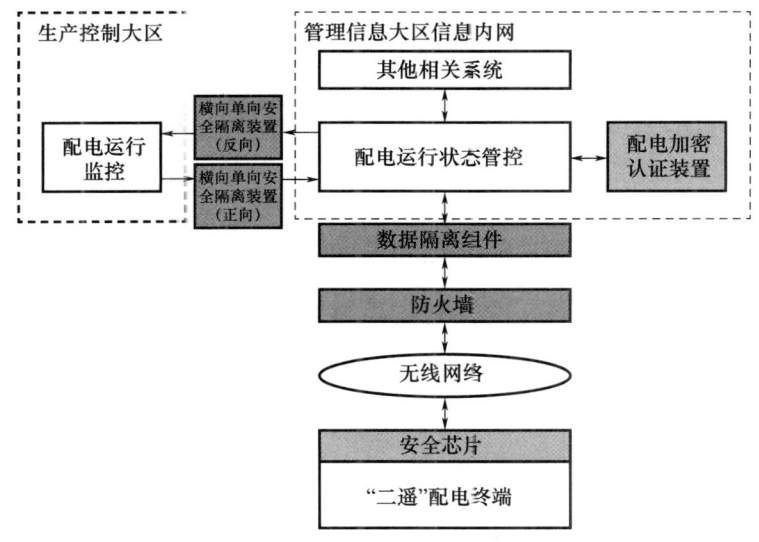

图 2-13 "硬件防火墙＋数据隔离组件＋配电加密认证装置"方案

硬件防火墙采取访问控制措施，对应用层数据流进行有效的监视和控制。数据隔离组件提供双向访问控制、网络安全隔离、内网资源保护、数据交换管理、数据内容过滤等功能，实现边界安全隔离，防止非法链接穿透内网直接进行访问。

配电加密认证装置对远程参数设置、远程版本升级等信息采用国产商用非对称密码算法进行签名操作，实现配电终端对配电主站的身份鉴别与报文完整性保护；对配电终端与主站之间的业务数据采用国产商用对称密码算法进行加解密操作，保障业务数据的安全性。

4. 配电终端的安全防护 B6

配电终端设备应具有防窃、防火、防破坏等物理安全防护措施。

（1）接入生产控制大区采集应用部分的配电终端

1）接入生产控制大区采集应用部分的配电终端，内嵌支持国产商用密码算法的安全芯片，采用国产商用非密码算法在配电终端和配电安全接入网关之间建立 VPN 专用通道，实现配电终端与配电安全接入网关的双向身份认证，保证链路通信安全。

2）利用内嵌的安全芯片，实现配电终端与配电主站之间基于国产非对称密码算法的双向身份鉴别，对来源于主站系统的控制命令、远程参数设置采取安全鉴别和数据完整性验证措施。

3）配电终端与主站之间的业务数据采用基于国产对称密码算法的加密措施，确保数据的保密性和完整性。

4）对存量配电终端进行升级改造，可通过在配电终端外串接内嵌安全芯片的配电加密盒，满足上述 1）、2）条的安全防护强度要求。

（2）接入管理信息大区采集应用部分的配电终端

1）利用内嵌的安全芯片，实现配电终端与配电主站之间基于国产非对称密码算法的双向身份鉴别，对来源于配电主站的远程参数设置和远程升级指令采取安全鉴别和数据完整性验证措施。

2）配电终端与主站之间的业务数据应采取基于国产对称密码算法的数据加密和数据完整性验证，确保传输数据保密性和完整性。

5. 管理信息大区采集用应用部分内系统间的安全防护 B7

管理信息大区采集应用部分与不同等级安全域之间的边界，应采用硬件防火墙等设备实现横向域间安全防护。

## 第五节　配电自动化建设及配置要求

### 一、总体要求

（1）配电自动化建设应以一次网架和设备为基础，运用计算机、信息与通信等技术，实现对配电网的实时监视与运行控制。通过快速故障处理，提高供电可靠性；通过优化运行方式，改善供电质量、提升电网运营效率和效益。

（2）配电自动化建设应纳入配电网整体规划，依据本地区经济发展、配电网网架结构、设备现状、负荷水平以及供电可靠性实际需求进行规划设计，综合进行技术经济比较，合理投资、分区域、分阶段实施，力求功能实用、技术先进、运行可靠。

（3）配电自动化建设与改造应遵循公司配电自动化技术标准体系，并满足相关国家、行业、企业标准及相关技术规范要求。

（4）配电自动化建设与改造应根据设定目标，合理选择主站建设规模、终端配置和通信网络等配套设施建设模式。

（5）配电自动化建设与改造应遵循"标准化设计，差异化实施"原则，结合配电网规划，实现同步设计、同步建设、同步投运，并按照设备全寿命周期管理要求，充分利用已有资源，因地制宜地做好通信、信息等配电自动化配套建设。

（6）配电自动化系统建设应以配电网调控运行为应用主体，满足规划、运检、营销、调度等横向业务协同需求，提升配电网精益化管理水平。

（7）主干线联络开关、分段开关、进出线较多的开关站、环网单元和配电室宜采用"三遥"终端。

（8）配电自动化系统应满足电力二次系统安全防护有关规定，遥控应具备安全加密认证功能。

（9）配电自动化系统相关设备与装置应通过国家级或行业级检定机构的技术检测。

## 二、配电自动化统筹建设要求

（1）配电自动化建设应纳入配电网整体规划，依据本地区经济发展、配电网网架结构、设备现状、负荷水平以及供电可靠性实际需求进行设计，综合进行技术经济比较，合理投资，分区域、分阶段实施，力求功能实用、技术先进、运行可靠。

（2）配电自动化改造的二次设备应结合一次设备的改造同步建设、投运，并结合运行监控要求，合理选择配电自动化终端及通信方式。

（3）配电网站点基建、改建工程中涉及电缆沟道、管井改造、建设及市政管道建设时应一并考虑光缆通信，并同期敷设。

（4）配电自动化改造应充分利用带电作业等手段，减少设备现场改造、调试所占用的停电时间，降低改造过程对供电可靠性的影响。

## 三、主站建设改造及配置原则

1. 总体要求

（1）配电主站监控范围为变电站 10kV 母线至 10kV 变压器（含公用、专用变压器），含 10kV 配电网络线路和开关类设备监测或控制，可通过信息交互方式对低压配电网进行监测。

（2）配电主站应根据地区配电网规模和应用需求，宜按照"地县一体化"构架进行设计，配电网实时信息量在 30 万点以上的大型县公司可单独建设主站。配电主站规模按照实施地区 3～5 年后配电网实时信息总量进行设定，并按照大、中、小型进行差异化配置。

（3）配电主站功能应符合《配电自动化系统主站功能规范》（Q/GDW 513—2010）相关要求。

2. 主站规模分类

配电主站规模分类应遵循以下原则。

（1）配电网实时信息量在 10 万点以下的建设小型主站。

（2）配电网实时信息量为 10 万～50 万点的建设中型主站。

（3）配电网实时信息量在 50 万点以上的建设大型主站。

3. 主站配置要求

（1）主站的关键设备应采用双机、双网冗余配置，满足可靠性和系统性能指标要求，应具备安全、可靠的供电电源保障。

（2）服务器应采用 UNIX 或 Linux 操作系统，满足相关技术标准和规范要求，在硬件技术条件满足应用需求的前提下，应优先采用国产设备。

（3）应根据城市定位、供电可靠性需求、配电网规模、接入容量等条件合理配置主站功能。

（4）配电终端宜优先直接接入主站；若确需配置子站，应根据配电网结构、通信方式、终端数量等合理配置。

### 四、馈线自动化实施原则

（1）对于主站与终端之间具备可靠通信条件，且开关具备遥控功能的区域，可采用集中型全自动式或半自动式。

（2）对于电缆环网等一次网架结构成熟稳定，且配电终端之间具备对等通信条件的区域，可采用就地型智能分布式。

（3）对于不具备通信条件的区域，可采用就地型重合器式。

### 五、配电终端配置要求

根据配电网规划和供电可靠性需求，按照经济适用的原则，应差异化配置配电终端，并合理控制"三遥"节点配置比例。

（1）对网架中的关键性节点，如主干线开关、联络开关，进出线较多的开关站、环网单元和配电室，应配置"三遥"终端；对一般性节点，如分支开关、无联络的末端站室，应配置"两遥"终端。

（2）配变终端宜与营销用电信息采集系统共用。

### 六、信息交互要求

配电自动化系统信息交互应符合电力企业整体信息集成交互构架体系，信息交互应遵循图形、模型、数据来源及维护的唯一性原则和设备编码的统一性原则，遵循 IEC 61968 标准，采用信息交换总线方式，实现各系统之间信息共享，满足业务集成应用需求。配电自动化系统信息交互对象包括调度自动化系统、PMS 系统、电网 GIS 平台、营销业务系统等，交互内容应包含主网、配电网模型和图形信息，配电网设备相关参数、应用分析数据、故障信息和实时数据等内容。

信息交互数据来源见表 2-2。

表 2-2　信息交互数据来源

| 序号 | 系统 | 提供数据 |
| --- | --- | --- |
| 1 | 调度自动化系统 | 高压配电网模型、网络拓扑、变电站图形、实时数据 |
| 2 | 设备（资产）运维精益管理系统 | 中低压配电网模型、相关设备参数、配电网设备计划检修信息 |
| 3 | 电网 GIS 平台 | 中低压配电网模型、中低压配电网络图、电气接线图、单线图、地理图、线路地理沿布图、网络拓扑等 |
| 4 | 调度管理系统 OMS | 计划停电、设备变更等信息 |
| 5 | 用电信息采集 | 配变及户表相关信息 |
| 6 | 营销业务系统 | 专变相关信息，用户信息等 |

## 第六节　配电自动化运维管理

### 一、运行与监控管理

（1）各运维单位应定期进行配电自动化系统设备巡视、检查工作，做好记录，发现异常并及时处理。

（2）应每日检查配电主站运行环境、主服务器进程、系统主要功能、配电图模、采集通道及数据、系统每日定期自动备份等运行情况，并填写配电自动化系统运行日志；每月检查主服务器的硬盘及数据库剩余空间，统计分析 CPU 负载率，及时进行数据备份和空间清理；每季度对前置服务器、SCADA 服务器、数据库服务器、应用服务器、双网通信通道等进行一次人工切换。

（3）配电自动化通信设备巡视以网管状态监视为主，现场巡视作为辅助手段，通信网管系统应设专人监控，发现通信设备故障时应及时通知配电主站及终端运行维护部门。配网光纤系统网管状态监视包括：端口 CRC 校验、收/发包状态、端口 ping 包数据统计、设备 CPU 利用率、设备端口流量统计等。配网通信系统运维人员应定期对通信骨干网和 10kV 通信接入网相关设备进行现场巡视，巡视周期应至少为每半年一次。

（4）配电自动化线路故障抢修、运行方式调整和计划性停送电的倒闸操作，应坚持"应遥必遥"原则，"三遥"开关应采用遥控操作。

### 二、图模管理

（1）配网图模应包括配电变压器及以上所有调管设备的图形和模型，满足配电网调度图形模型规范要求。

（2）遵循图模信息源端维护原则，保证配网图模信息的唯一性和准确性；严格落实配网电子接线图异动管理要求和应用，实现配网图实一致，状态相符。

（3）未建独立配电自动化系统主站的单位，应在调度自动化系统中完成图模建设。已建独立配电自动化系统主站的单位，应在配电主站和调度自动化主站中同步完成图模建设。

（4）应建立配电网技术支持系统图形模型建设完善工作评价考核机制。

### 三、缺陷管理

（1）配电自动化系统缺陷分为危急缺陷、严重缺陷、一般缺陷三个等级。

危急缺陷通常是指威胁人身或设备安全，严重影响设备运行、使用寿命及可能造成配电自动化系统失效，危及电力系统安全、稳定和经济运行的缺陷。此类缺陷须在 24 小时内消除。

严重缺陷通常是指对设备功能、使用寿命及系统正常运行有一定影响或可能发展成为危急缺陷，但允许其带缺陷继续运行或动态跟踪一段时间的缺陷。此类缺陷须在 5 个工作日内消除。

一般缺陷通常是指对人身和设备无威胁，对设备功能及系统稳定运行没有立即、明显的影响且不至于发展为严重缺陷的缺陷。此类缺陷应列入检修计划尽快处理。

(2) 当发生的缺陷威胁到其他系统或一次设备正常运行时,运维单位应及时采取有效的安全技术措施进行隔离,缺陷消除前,加强监视,防止缺陷升级。

(3) 配电自动化设备缺陷纳入生产管理系统、调度管理系统,实现缺陷闭环管理。

(4) 运维检修部应每月组织各运维单位开展一次集中运行分析工作,组织对缺陷原因、处理情况进行分析,对系统运行中存在的问题制定解决方案,并形成分析报告。

### 四、检修管理

(1) 配电自动化系统各运维单位应根据设备的实际运行状况和缺陷分类及处理响应要求,结合状态检修等相关规定,制定应急预案和处理流程,对配电主站、配电终端、配电通信设备的检修工作进行组织和管理,合理安排、制定检修计划和检修方式。

(2) 终端运维单位应结合一次设备停电,开展停电范围内终端及二次接线的检查工作。

(3) 运行中的设备遥信、遥测、遥控回路和通信通道变动时,应对变动部分的相关功能进行校验。

① 当遥信回路变动时应进行遥信校验:核对一次设备开关位置与主站中开关位置一致,做遥信变位试验,验证遥信回路正确性。当保护出口回路变动时应进行保护功能校验:在终端处加二次电流,验证保护出口回路正确性。

② 当CT、PT、遥测回路、遥测系数等变动时应进行遥测校验:在一次侧或二次侧加电流、电压,核对主站端电流、电压的正确性。

③ 当遥控加密文件、遥控回路等变动时应进行遥控校验:通过解合环试验对遥控预置、开关遥控功能进行验证。

④ 当通信模块、ONU、OLT等变动时应进行通信系统校验:主要方式是通过主站召测数据、遥控预置的方式观察报文收发的正确性。检查IP设置是否正确,PING主站前置服务器IP地址,确认网络连接是否正常。

(4) 当一次设备停电检修时,应按照停电、验电、接地、悬挂标示牌和装设遮拦(围栏)顺序进行操作,同时配电自动化装置要配合将操作方式选择开关由"远方"切至"就地"位置,退出开关遥控分合闸压板,将开关的电动操作机构电源空开拉开,防止开关误动,并将相应的安全措施按顺序列入对应的安全措施票,按步骤执行和恢复。

(5) 一次设备不停电对配电自动化设备进行检修时,应按照《国家电网公司电力安全工作规程》及《配电自动化设备检修安全措施》做好安全防范工作,采取有效措施防止PT短路、CT开路,防止开关误动。将相应的安全措施按顺序列入对应的安全措施票,按步骤执行和恢复。

(6) 配电自动化开关操作应按照《配电自动化开关设备典型操作票》编写操作票,做好防止开关误动措施。

(7) 配电自动化设备备品应结合缺陷处理情况,定期检查备品备件库存,以保证消缺的需求。所有备品应登记在册,按产品说明中有关温度、湿度等存放环境等方面的要求妥善保管。

(8) 各运维单位应按照《配电自动化用蓄电池管理要求》加强蓄电池管理,并依据平均寿命建立轮换机制。

(9) 新安装的配电自动化设备的验收检验应按《配电自动化系统验收技术规范》(DL/T 5781—2018) 要求进行。配电终端的检测工作相关的检测条件、检测方法、检测项目及技术指标参照《配电自动化终端设备检测规程》(DL/T 1529—2016)。设备检验应采用专用仪器，所有仪器应具备检验合格证。

### 五、配电终端投运和退役管理

(1) 根据终端信息表，配调运行部门通过配电主站监控画面对遥信、遥测及遥控进行功能验收，经现场与主站联调、验收合格后，方可投运。

(2) 对存在严重故障或现场重大变更且在 72h 内无法恢复运行的配电终端，拟退出运行时，应履行审批手续方可执行，并通知配电主站进行变更维护。

### 六、安全防护管理

(1) 配电自动化系统安全防护应严格按照《电力监控系统安全防护规定》（国家发改委第 14 号令）、《国家能源局关于印发电力监控系统安全防护总体方案等安全防护方案和评估规范的通知》（国能安全〔2015〕36 号）、《配电自动化系统网络安全防护方案》和《中低压电网自动化系统安全防护补充规定（试行）》等要求执行。

(2) 配电终端及通信设备接入配电主站须满足电力监控系统安全防护方案的相关要求。

(3) 应及时对相关系统软件（操作系统、数据库系统、各种工具软件）漏洞发布信息，及时获得补救措施或软件补丁，对软件进行升级。

(4) 应在配电自动化系统内部署、升级防病毒软件，并检查该软件检、杀病毒的情况。

(5) 应定期对配电自动化业务与应用系统数据进行备份，确保在数据损坏或系统崩溃情况下快速恢复数据，保证系统数据安全性、可靠性。

(6) 依据《信息安全等级保护管理办法》（公通字〔2007〕43 号）、《电力行业信息安全等级保护管理办法》（国能安全〔2014〕318 号），配电自动化系统应每年进行信息安全等级保护测评工作。

### 七、版本管理

同型号主站软件版本应全省统一。各主站运行单位每月将配电主站系统使用过程中发现的缺陷和功能需求，提交省公司确认并测试，并出具测试报告，合格后由省公司联合发布。

### 八、技术资料管理

(1) 配电自动化系统运维单位应设专人对工程资料、运行资料、磁（光）记录介质等进行归档管理，保证相关资料齐全、准确；建立技术资料目录及借阅制度。配电自动化系统相关设备因维修、改造等发生变动，运维单位应及时更新资料并归档保存。

(2) 新安装配电自动化系统应具备下列技术资料：

① 设计单位提供的设计资料（设计图纸、概、预算、技术说明书、远动信息参数表、设备材料清册等）。

②设备制造厂提供的技术资料（设备和软件的技术说明书、操作手册、软件备份、设备合格证明、质量检测证明、软件使用许可证和出厂试验报告等）。

③施工单位、监理单位提供的竣工资料（竣工图纸资料、技术规范书、设计联络和工程协调会议纪要、调试报告、监理报告等）。

④各运维单位的验收资料。

（3）正式运行的配电自动化系统应具备下列技术资料：

①配电自动化系统相关的运维与检修管理规定、办法。

②设计单位提供的设计资料。

③现场安装接线图、原理图和现场调试、测试记录。

④设备投运和退役的相关记录。

⑤各类设备运行记录（如运行日志、巡视记录、缺陷记录、设备检测记录、系统备份记录等）。

⑥设备故障和处理记录。

⑦软件资料（如程序框图、文本及说明书、软件介质及软件维护记录簿等）。

⑧配电自动化系统运行报表、运行分析。

## 第七节　低压配电网自动化

低压配电网作为供电服务"最后一公里"，直接承担着用户的供电服务，低压配电网的运行管理水平直接影响着用户的供电质量。长期以来，低压配电网自动化程度落后，同时面临着管理需求变化快，管理设备规模大，服务要求高三大挑战。近年来随着电动汽车、分布式能源、微电网、储能装置等设施大量接入，以及电力市场开放和各种用电需求的出现，对配电网的安全性、经济性、适应性提出更高要求。

为应对低压配电网设备众多，结构复杂，管理困难，运维工作量大的问题，开展以新型智能融合终端为核心的电力物联网建设与应用。实现柱上变压器、箱式变压器、配电房的自动化改造，配合新一代配电自动化主站，实现台区全景监测、提升区域能源管理能力，满足分布式能源接入、多元化负荷管控需求。以低成本的应用软件（App）方式，实现低压配网业务的灵活、快速部署。实现主动抢修，电能质量综合治理等配电业务，实现低压故障风险预警、开关状态管理、分路分段线损统计等台区精益化管理，依托站端协同管理和就地化决策机制，助推低压配电网由被动管理向主动管理模式变革，提升台区精益化管理水平。

### 一、系统架构

配电网运行环境复杂，设备种类繁多，用户故障频发，依托配电物联网技术广泛部署感知层，突出实效性，以新型断路器、跌落式熔断器、0.4kV低压监测终端等物联设备为基础，通过光纤、电力载波、无线通信网络、电力专网等网络层构建配网用户侧管理云数据平台层，并完成包括手机App、客户端、Web端、短信端在内等定制化综合分析应用层的研发设计。全面支撑配电网业务智慧化运营，提升配网用户侧的精益化管理及运维水平。低压配电网自动化示意图如图2-14所示。

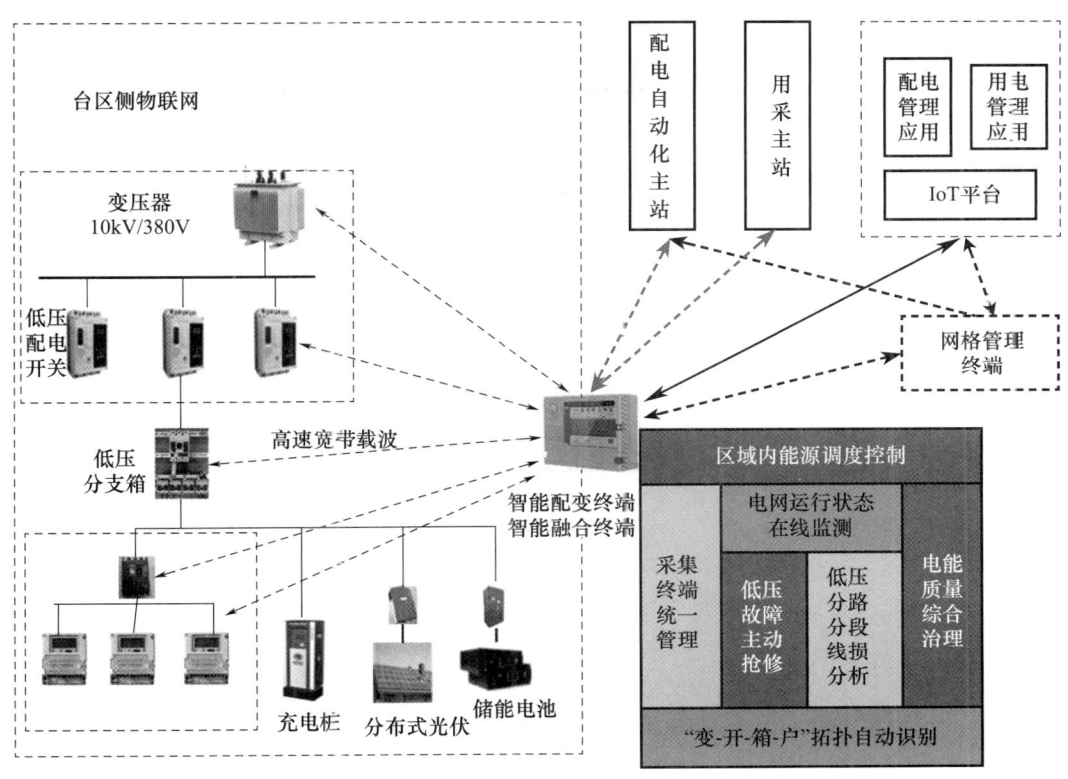

图 2-14 低压配电网自动化示意图

## 二、物联网云主站系统

物联网云主站通过智能配变终端上送的综合用户停电信息、配变低压出线和分支故障信息，实现低压故障的主动感知、精准定位，同时结合配电自动化系统的中、低压故障信息，进行综合故障研判，将故障结果推送至供服系统，供服系统下派工单至抢修人员进行精准抢修，实现低压故障的主动抢修，保证了电网的可靠性和安全性。配电云主站系统数据流如图 2-15 所示。

配电云主站系统实现功能如下。

低压拓扑自主校验：借助于智能配变终端 TTU、低压传感器（故障指示器）检测技术，利用台区网络通信形成二次设备拓扑层次关系，并形成低压拓扑文件及户-变关系文件，云主站采用可视化的方式展示 TTU 上送的低压台区层次拓扑关系，对单位周期内的拓扑变化信息推送至供电服务指挥系统，供电服务指挥系统与 PMS2.5 中的低压拓扑和户变关系进行对比校验，向相关人员派发校核工单。

图模关系批量维护：利用图模导入工具可以批量的导入从 PMS2.5 获取的一次设备和二次设备对应关系和图形。

故障综合研判：综合中低压各层级告警信息，结合检修类停电计划，分级分层综合研判，将停运信息按结构化数据存储。包括停运类型、停电性质、停运范围、故障区间、关联影响配变和影响用户，并推送告警信息至供服系统和手持终端。

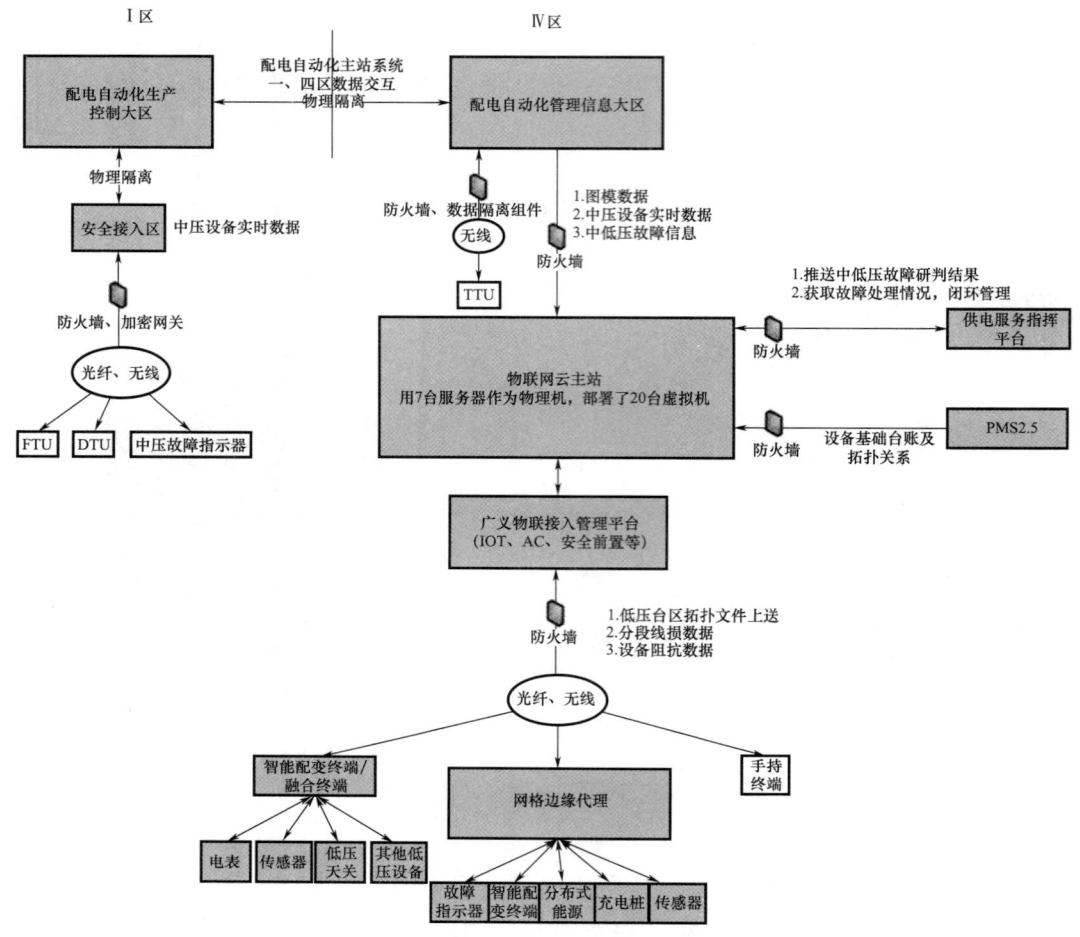

图 2-15 配电云主站系统数据流

低压台区线损精细化管理：利用智能配变终端和计量级低压传感器，依据线路拓扑实现对各节点的供入电量、供出电量、线损和线损率分时统计、日统计、月统计，当线损率超过理论最大值或波动异常发出异常报警，云主站将告警信息推送至供电服务指挥平台，便于开展户变关系核查、计量装置检查和用电检查，降低线损率，提高经济指标。

低压故障预知和提前排故：基于 TTU 边缘计算能力，实现低压配电网阻抗参数在线动态辨识、监测变压器电缆终端和桩头温度异常，提前发现设备异常，云主站分析异常，并推送至供电服务指挥平台，下派工单完成异常排故。

### 三、应用功能

1. 设备数字化运行与感知

（1）低压状态全感知。通过在配变、分支箱、户表、充电桩、分布式能源等关键节点应用具有智能识别和感知技术的低压智能检测终端（LETU），对配电网的运行工况、设备状态、环境情况等信息全面采集。应用配用电统一模型 SG CIM4.0、物联网通用标准协议 MQTT 和 CoAP 实现配电侧、用电侧各类感知终端互联互通，通过线路拓扑、电源相位、户变关系的自动识别支持"站-线-变-户"关系自动适配，推动跨专业数据同源采集，实现配电网状态全感知、信息全融合、业务全管控。

（2）故障定位及精准抢修。发挥边缘计算优势，快速研判故障，提升配电网智能处置能力。云端结合电网拓扑关系和地理信息开展故障停电分析，展示故障点和停电地理分布，综合考虑人员技能约束、物料可用约束，通过智能的优化算法，制订抢修计划，变被动抢修为主动服务，提高故障抢修效率与优质服务水平。智能融合终端采集台区侧电流、电压、有功、无功和谐波数据，结合低压感知设备采集并上传的各相负载电压和电流数据，经过边缘计算技术分析、计算三相不平衡、无功、谐波等电能质量问题，根据主站下发的电能质量智能调节策略。

（3）电网设备预先检修。利用配电网历史和现状的全息感知信息，针对异常开展分级评级，建立配电网及设备的动态风险管理和预警体系建立，依据生成策略或者预案组织针对性主动检修。

（4）台区能源自治与电能质量优化。发挥智能融合终端边缘计算优势和就地管控能力，统筹协调换相开关、智能电容器、SVG、能源路由器等设备，实现对电网的三相不平衡、无功、谐波等电能质量问题快速响应及治理，满足用户高质量用电需求。

（5）基于台区负荷预测的需求辅助决策。智能融合终端基于配电台区实时采集的基础数据，重过载、低电压、三相不平衡等异常事件信息，通过边缘计算 App 的整合分析，结合政府规划，构建负荷预测模型，对配变负荷进行近期、中期预测，为项目立项提供数据支撑，提高配变新增布点和扩容项目储备及立项的科学性、针对性、合理性。利用台区负荷预测 App，有针对性地提前解决局部配变重超载问题。

2. 数字化分析与决策

（1）资产精益管理与设备全寿命管控。基于统一的配电设备资产信息模型，涵盖设备参数、缺陷记录、隐患记录、故障记录、巡检记录等信息数据，实现全寿命核心价值链。通过高水平本地通信、实物 ID、地理信息系统、智能传感等实用技术，实现配电设备资产检测、运行缺陷信息全环节集成共享，从源头提升设备质量和物资运营能力，提高配电网生产管理系统的深度、广度和精度，助推资产精益管理水平。

（2）供电可靠性提升与影响因素定位。通过配电物联网对运行设备的全面感知，边端完成本地用户停电时间、停电类型、事件性质的统计汇总，云端通过统计用户停电数量和停电时长，实现中低压供电可靠性指标和参考指标的实时自动计算，并根据实时及历史数据对供电可靠率性不合格的区域制定相应提高策略。通过 ETL、WebService 等方式获取营配调的基础台账、运行数据、停电计划、用户报修等信息，全面分析计划停电、故障停电等数据，完成供电可靠性基础数据校验、可靠性指标管控、可靠性过程管控及可靠性影响因素分析等。

（3）线损实时分析与区域综合降损。通过边端设备采集感知设备信息，实时获取电压、电流等关键数据，利用边缘计算就地开展台区线损统计分析，及时上传异常等各类情况至云端后台，实现对中低压线损进行实时监管，有效支撑线损治理等工作开展。

（4）停电准确定位与精准透明发布。利用各类智能终端和边缘计算，为用户提供末端配网事件处理服务，监视并主动发现用户用电异常，制定解决方案并提供处理服务；同时结合智能感知的停复电事件，云端自动识别停电影响范围及重要敏感用户，自动生成结构化停电信息并通过短信或微信等手段，点对点精准推送至用电客户，全面提升客户的用电体验和互动感知。

3. 对外业务应用

（1）新能源灵活消纳。满足用户在低压配网光伏新能源大量、快速、安全接入，协助用户对电源的管理，优化设备工作性能，形成符合用户用能方式的新能源工作策略，同时实现配网谐波治理，对系统运行方式的灵活调节，并监视、削减谐波影响。同时，有效配合配网故障处理和日常检修，构建满足高新能源渗透率的配网低压物联系统。

（2）电动汽车有序充电与充电桩布点优化。根据边缘计算节点的日负荷预测信息、当前区域用电信息和用户充电信息，实时拟合当天区域充电曲线，预测用户充电情况，向用户反馈充电完成情况。根据分时电价、用户申请充电模式和预测负荷曲线，提供多种优化充电策略，引导用户选择适当充电方式，实现充电效益最大化和电网削峰填谷要求，并为后续充电桩布点优化提供支撑。

### 四、主要设备

1. 智能融合终端/智能配变终端（TTU）

智能融合终端，集配电台区供用电信息采集、各采集终端或电能表数据收集、设备状态监测及通信组网、就地化分析决策、协同计算等功能于一体。

典型智能融合终端/智能配变终端如图 2-16 所示。

 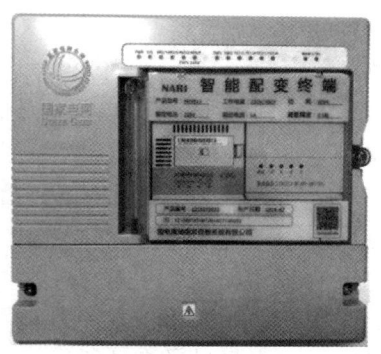

图 2-16　典型智能融合终端/智能配变终端

2. LTU－低压故障传感器

低压故障传感器主要用于解决目前配网数据无法监测以及低压拓扑错误的问题，适应多种现场环境，满足监测线路电压和电流故障、停复电上报、冻结电量、拓扑识别、线损分析、电量采集、即插即用等功能。

低压故障传感器含四只分路监测单元和一台汇集单元，用于监测线路电气量，监测故障状态。低压架空和电缆线路故障传感器如图 2-17 所示。

图 2-17 低压架空和电缆线路故障传感器

3. 低压一、二次智能融合开关

低压一、二次智能融合开关具有过载长延时、短路短延时、短路瞬时三段保护功能，支持载波通信，具备拓扑识别功能。低压一、二次智能融合开关如图 2-18 所示。

图 2-18 低压一、二次智能融合开关

4. 拓扑识别模块/即插即用通信单元

即插即用通信单元/拓扑识别末端，主要面向智能电网的发展需求，为传统低压设备（开关、电表）、传感器、新能源、电动汽车充电桩等提供高速载波接入，完成低压设备数据向智能终端的转发，具备拓扑信号发生及识别功能。

5. 具备 HPLC 模块的智能电表

HPLC（低压电力线高速载波通信技术）通信模块比电力线窄带模块在通信速率与稳定性方面可提升 7~10 倍，对于智能电表的停电实时上报、台区拓扑识别信息、台区相位识别、低压客户电压电流检测、通信模块 ID 管理方面可发挥重要作用，可在智能电表在配网设备监测、故障研判、运维管理等方面起到重要支撑作用。充分挖掘与客户关联性最强的智能电表功能，全面提升客户服务响应度和配网运营管理水平。

### 五、典型接入方案

1. 三层台区架构（智能融合终端与Ⅰ型集中器＋采集器＋电表）改造

改造方案一示意图如图 2-19 所示。

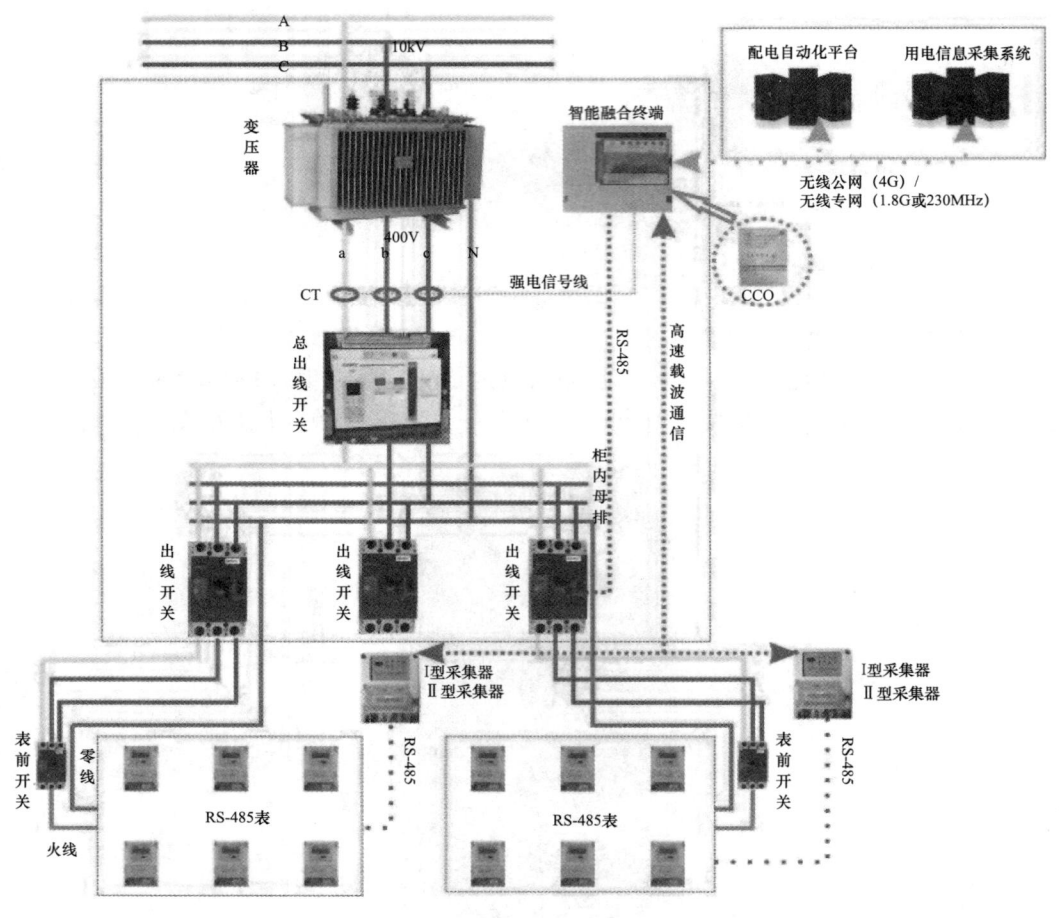

图 2-19 改造方案一示意图

该方案不改变三层用电信息采集架构，针对现场使用Ⅰ型采集器的台区可直接将Ⅰ型采集器现有通信模块更换为 HPLC 模块；针对现场使用Ⅱ型采集器的台区，由于采集器现有通信模块不可插拔，需整体更换为使用 HPLC 通信模块的Ⅱ型采集器。Ⅰ型/Ⅱ型采集器与智能电能表通信，仍采用 RS485 的方式；台区侧由智能融合终端通过 HPLC 宽带载波的方式与Ⅰ型/Ⅱ型采集器通信，采集智能电能表数据，通过 4G 公网/

专网,分别上送用采主站与配电自动化主站,或物联网 IoT 平台。

2. 两层架构(智能融合终端+电表)改造方案

改造方案二示意图如图 2-20 所示。

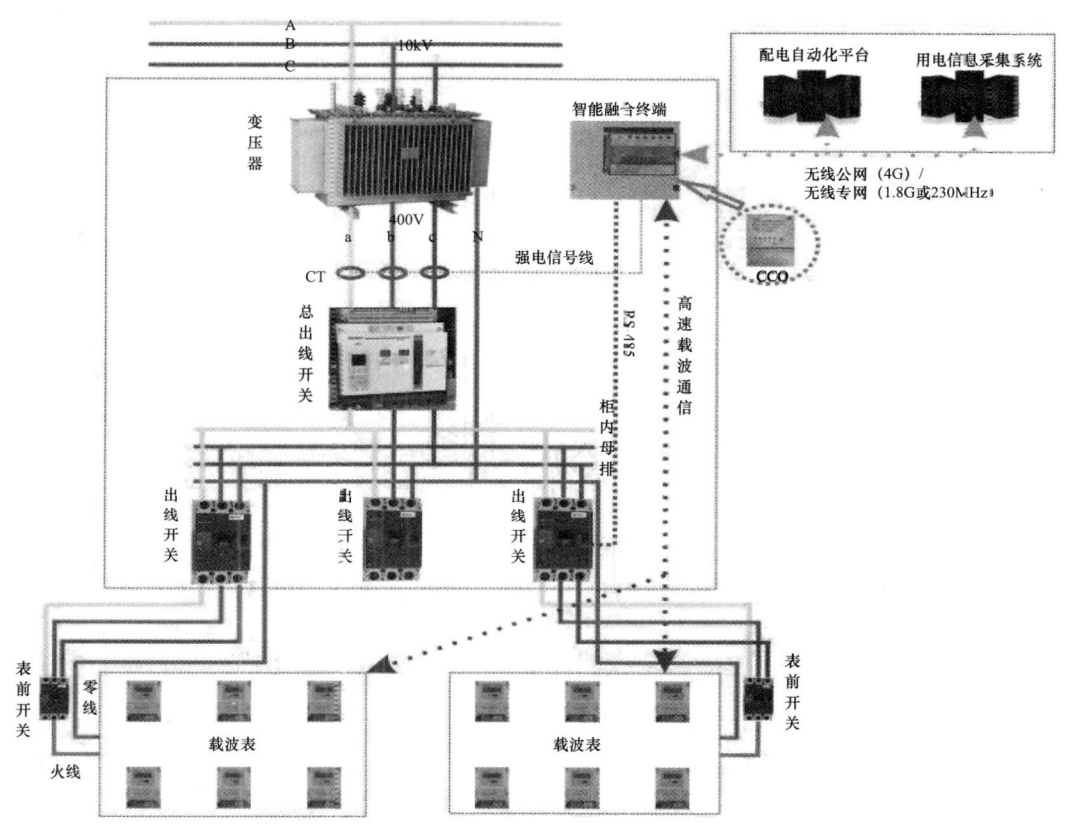

图 2-20 改造方案二示意图

该方案需将现有 Ⅱ 型集中器和台区总表取消,将用户电表更换为 HPLC 模块智能表,台区侧由智能融合终端通过 HPLC 宽带载波的方式与电表通信,数据交互遵循现行《多功能电表通信协议》(DL/T 645)。智能融合终端采集智能电能表数据,通过 4G 公网/专网,分别上送用采主站与配电自动化主站,或物联网 IoT 平台。

# 第八节 练习题

## 一、单选题

1. 智能配变终端电源由非有效接地系统或中性点不接地系统的三相四线配电网供电时,在接地故障及相对地产生 10% 过电压的情况下,没有接地的两相对地电压将会达到( )倍的标称电压,维持( )h,终端不应出现损坏。

A. 1.9,4　　　　B. 1.9,2　　　　C. 1.8,4　　　　D. 1.8,2

答案:A

2. 配电线路馈线自动化功能投入或退出时，需通过在主站系统对该配电线路的馈线自动化方式进行（　）更改。

A. 同步　　　　B. 每周　　　　C. 定期　　　　D. 每月

答案：A

3. EPON 传输的最长距离为（　）km。

A. 80　　　　B. 40　　　　C. 20　　　　D. 60

答案：C

4. （　）是有效的 MAC 地址。

A. 00-00-11-11-11-AA　　　　B. 19-22-01-63-23

C. 192.201.63.252　　　　D. 0000.1234.ADFH

答案：A

5. ONU 应支持双 PON 口，双 MAC 地址，至少满足（　）个 10MB/100MB 以太网电口的接入要求。

A. 4　　　　B. 2　　　　C. 1　　　　D. 3

答案：A

6. 配电自动化"三遥"信息的传输方式主要包括光纤、电力线载波和（　）。

A. 基站　　　　B. 无线专网　　　　C. 无线公网　　　　D. 手机

答案：B

7. （　）是一套按被仿真的实际电力系统的数学模型，模拟各种调度操作和故障后的系统工况为调控员提供一个逼真培训环境的计算机系统，以达到既不影响实际电力系统的运行而又培训调控员的目的。

A. 调控员潮流系统　　　　B. 调控员培训模拟系统

C. 安全分析系统　　　　D. 事故分析系统

答案：B

8. 配电网通信系统是指（　）到配电业务主站之间的一系列通信实体。

A. 配电终端　　　　B. FTU　　　　C. DTU　　　　D. 故障指示器

答案：A

9. 配电通信系统严重缺陷包括：配电网通信系统终端侧通信节点故障，引起单点终端通信中断或通道频繁投退，每天投退（　）次以上。

A. 15　　　　B. 5　　　　C. 1　　　　D. 10

答案：D

10. 馈线自动化远方终端模式是指在变电站出口断路器和户外馈线分段开关处装设（　），并建设可靠的通信网络将它们和配电网控制中心的 SCADA 系统连接，再配合相关的处理软件所构成的高性能系统。

A. 柱上断路器（看门狗）　　　　B. 配电自动化终端

C. 柱上负荷开关　　　　D. 故障指示器

答案：B

## 二、多选题

1. 终端通信接入网以（　　）kV 变电站为通信接入点，提供配电与用电业务终端同电力骨干通信网络的连接，实现配用电业务终端与系统间的信息交互。
   A. 50　　　　　　　B. 110　　　　　　C. 220　　　　　　D. 35
   答案：BCD

2. EPON 采用（　　）方式管理和控制 ONU/ONT。
   A. OMCI　　　　　B. OAM　　　　　C. MPCP　　　　　D. PLOAM
   答案：BC

3. 通过构建配用电一体化通信平台来实现多种通信方式"统一接入、统一接口规范和统一监测管理"确保通信通道（　　）运行。
   A. 稳定　　　　　B. 安全　　　　　C. 高效　　　　　D. 可靠
   答案：ABD

4. 遵循信息源端维护原则，保证信息的（　　），以配电 PMS 系统中配电设备异动为源端，通过图模校验、红黑图流程，确保配电 PMS 系统、配电主站系统中配电设备的一一对应正确。
   A. 实时性　　　　B. 准确性　　　　C. 对应性　　　　D. 唯一性
   答案：BD

5. 下列设备属于 EPON 系统特有的是（　　）。
   A. OTDR　　　　　B. ODF　　　　　C. OLT　　　　　D. ONU
   答案：CD

6. 配电自动化主站支撑软件包含（　　）。
   A. 日志管理　　　B. 实时数据库软件　C. 关系数据库软件　D. 进程管理
   答案：ABCD

7. 配电主站数据记录应提供（　　）功能。
   A. 变化存储　　　B. 周期采样　　　C. 事件顺序记录　　D. 事件追忆
   答案：ABC

8. 配电终端应具备（　　）等功能。
   A. 数据处理　　　B. 数据存储　　　C. 数据采集　　　D. 通信
   答案：ABCD

9. EPON 网络拓扑形式主要有（　　）等。
   A. 手拉手形　　　B. 链形　　　　　C. 星形　　　　　D. 环形
   答案：ABCD

10. 配电网通信的各类设备选型应符合（　　）等绿色环保的要求。
    A. 体积大　　　　B. 体积小　　　　C. 集成度高　　　D. 功耗低
    答案：BCD

# 第三章 配电网一次设备

> 概　述

本章主要介绍配电网一次设备概述、高压变电站设备、中压配电设备、低压配电设备等内容，包括四个培训模块。Ⅰ级人员应重点掌握配电网一次设备概述；Ⅱ级人员应重点掌握高压变电站设备、中压配电设备、低压配电设备；Ⅲ级人员应重点掌握配电网一次设备概述、高压变电站设备、中压配电设备、低压配电设备、练习题。

## 第一节　概　述

电力系统中直接与生产电能和输配电有关的设备称为一次设备，电力系统示意图如图 3-1 所示。

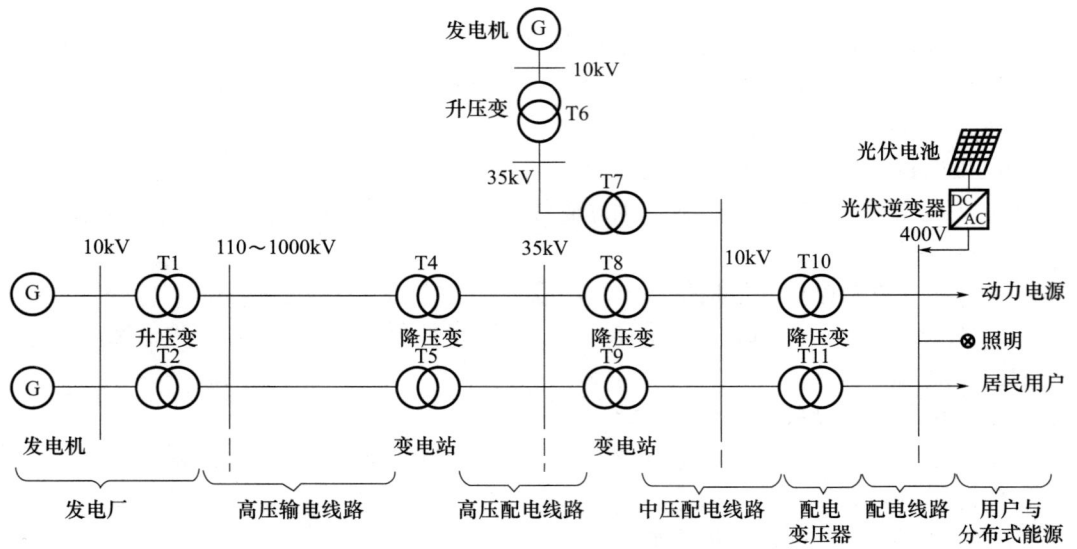

图 3-1　电力系统示意图

从图 3-1 可以看出，广义上讲配电网包括 110kV 及其以下的电网，其中 35～110kV 为高压配电网，3～20kV 为中压配电网，380V/220 低压配电网。结合国家电网公司设备运维单位职责划分，将配电网一次设备分为高压变电站设备（35～110kV 变电站内变压器、断路器、隔离开关、互感器等）、中压配电设备（3～20kV 杆塔、导线、横担、绝缘子等）、低压配电设备（380V/220V 接户线、进户线、低压电器等）。

## 第二节 高压变电站设备

### 一、变压器

变压器是一种利用电磁感应原理工作的电气设备,通过电磁感应,在两个电路之间实现能量的传递。它在电力系统中主要作用是变换电压,以利于功率的传输。变压器组成部件包括器身(铁芯、绕组、绝缘、引线)、变压器油、油箱、冷却装置、调压装置、保护装置(吸湿器、安全气道)。

### 二、断路器

断路器是变电站的重要设备之一,它不仅可以切断或闭合电路中的空载电流和负荷电流,而且当系统发生故障时通过继电器保护装置的作用,切断过负荷电流和短路电流,它具有相当完善的灭弧结构和足够的断流能力。

断路器是电力系统中最重要的控制和保护设备。它具有两方面的作用:一是控制作用,即根据电网运行要求,将一部分电气设备及线路投入或退出运行状态、转为备用或检修状态;二是保护作用,即在电气设备或线路发生故障时,通过继电保护装置及自动装置使断路器动作,将故障部分从电网中迅速切除,防止事故扩大,保证电网的无故障部分正常运行。断路器与重合闸装置配合能多次闭合和断开故障设备,以保证在电网瞬时故障及时切除故障和恢复供电,提高电力系统的供电可靠性。

### 三、隔离开关

隔离开关俗称隔离刀闸,是变电站、输配电线路中与断路器配合使用的一种重要设备,只起隔离电压的作用,不具有专门的灭弧装置,不能用于开断正常运行时的负荷电流和电网故障时的短路电流,可在等电位条件下倒闸操作、接通或断开小电流电路。

隔离开关的主要作用有:

(1) 在进行倒闸操作时,主要配合断路器改变变电站运行接线方式,如双母线隔离开关的切换,在不停电的情况下利用等电位无电流通过的原理,实现隔离开关并列切换。

(2) 在电气设备停电检修时,用隔离开关将需停电检修的设备与电源隔离,形成明显可见的断开点,以保证工作人员和设备的安全。

(3) 对于带有接地开关的隔离开关,当合上待检修设备两侧接地隔离开关时等同于设备两侧挂地线,此时方可对设备进行检修操作。

### 四、电流互感器

电流互感器的工作原理与变压器完全相同,主要结构也是由一次绕组、二次绕组和铁芯组成。其作用是将电网中高压大电流变换传递为低压小电流信号,从而为系统的计量、监控、继电保护、自动装置等提供统一、规范的电流信号(传统为模拟量,现为数字量)的装置;同时满足电气隔离,确保人身和电器安全的重要设备。

其主要作用如下。

(1) 向测量、保护和控制装置传递信息。

(2）使测量、保护和控制装置与高电压隔离。

(3）有利于仪器、仪表和保护、控制装置小型化、标准化。

### 五、电压互感器

电力系统用电压互感器是将电网高电压的信息传递到低电压二次侧的计量、测量仪表以及继电保护、自动装置的一种特殊变压器，是一次系统和二次系统的联络元件。电压互感器与测量仪表和计量装置配合，可以测量一次系统的电压、电能；与继电保护和自动装置配合，可以构成对电网各种故障的电气保护和自动控制。电压互感器性能的好坏，直接影响到电力系统测量、计量的准确性。

### 六、电力电容器

为了提高系统的经济性，减少输配电线路中往复传输无功所产生的各种损耗，改善功率因数，有效地调整网络电压，维持负荷点的电压水平，提高供电质量及发电机的利用率，并根据无功分区平衡的原则，需要在负荷中心区域装设一定容量的无功电源，以减少电源的无功的输入。

电网中装设电力电容器的优点是损耗小、效率高、投资低、噪声小、使用方便，装设地点亦较灵活，运行中维护量小，因而在电力系统中，采用并联电力电容器来补偿无功功率已得到十分广泛的应用，实际应用中变电站主要的无功电源以采用电力电容器为主。作为静止无功补偿设备的电力电容器，它可以向系统提供无功功率，提高功率因数，采用就地无功补偿，可以减少输电线路输送电流，起到减少线路能量损耗和压降，改善电能质量和提高设备利用率的重要作用。

## 第三节　中压配电设备

中压配电网作用主要为按照区域和用户的实际情况，输送和分配电能，用以满足电力供应和用户用电需求。按结构形式可分为架空配电网、电缆配电网和混合配电网。混合配电网示意图如图 3-2 所示。

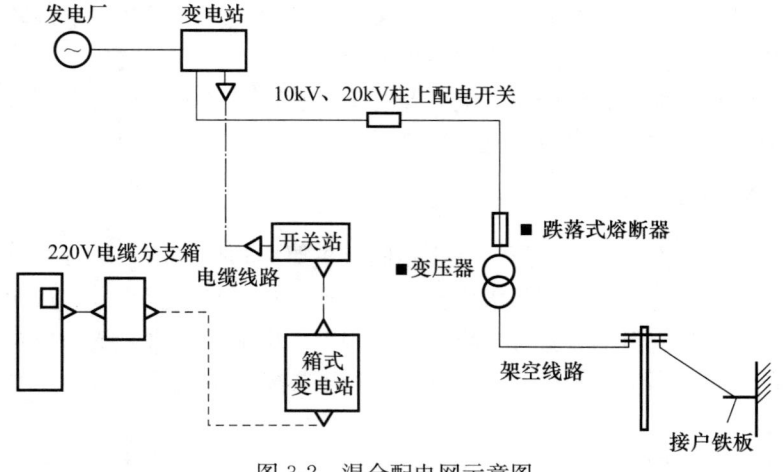

图 3-2　混合配电网示意图

## 一、架空线路

配电网架空线路主要由杆塔、导线、避雷线、绝缘子、金具、拉线和基础、柱上开关、接地装置、变压器、故障指示器、避雷器等组成。采用绝缘子以及相应金具将导线悬空架设在杆塔上，连接发电厂、变电站及用户，以实现配送电能为目的的电力设施。

## 二、电缆线路

配电网电缆线路是城市配电网的重要组成部分，主要应用于依据城市规划，明确要求采用电缆线路且具备相应条件的地区；负荷密度高的市中心区、建筑面积较大的新建居民住宅小区及高层建筑小区；走廊狭窄，架空线路难以通过而无法满足供电需求的地区；易受热带风暴侵袭的沿海地区主要城市的重要供电区域；电网结构或运行安全的特殊需要。

## 三、开关类设备

随着我国经济社会的发展、用电量不断增加，同时客户对供电的可靠性及供电质量提出了更高的要求；10kV配电开关电器在配电网中分段和支线的合理应用，有利于提高供电的可靠性。但是由于我国各地区发展极不平衡，配电网的结构与布局日趋复杂，各种技术水平的开关设备有不同的应用。

## 第四节 练习题

### 一、单选题

1. 鉴别波形间断角的差动保护，是根据变压器（ ）波形特点为原理的保护。
A. 差动电流　　　B. 负荷电流　　　C. 外部短路电流　　　D. 励磁涌流
答案：D

2. 单侧电源线路的自动重合闸装置必须在故障切除后，经一定时间间隔才允许发出合闸脉冲，这是因为（ ）。
A. 断路器消弧
B. 故障点要有足够的去游离时间以及断路器及传动机构的准备再次动作时间
C. 需与保护配合
D. 防止多次重合
答案：B

3. 在城镇郊区的配电线路连续直线杆超过 10 基时，宜适当装设（ ）拉线。
A. 防盗　　　B. 防撞　　　C. 防断　　　D. 防风
答案：D

4. 主变压器的复合电压闭锁过流保护失去电压互感器电压输入时（ ）。
A. 保护不受任何影响　　　　　　B. 仅失去低压闭锁功能
C. 整套保护退出　　　　　　　　D. 失去低压及负序电压闭锁功能
答案：D

5. 电流互感器的（ ）形式可测量三相负荷电流，监视负荷电流不对称情况。
A. 零序电流接线　　B. 星形接线　　C. 单相接线　　D. 不完全星形接线
答案：B

6. 线路转弯处应设（ ）。
A. 分支杆　　B. 直线杆　　C. 转角杆　　D. 耐张杆
答案：C

7. 变压器负载损耗的大小取决于绕组的材质等，运行中的负载损耗大小随（ ）的变化而变化。
A. 功率　　B. 电源　　C. 电压　　D. 负荷
答案：D

8. 线路绝缘子上刷硅油或防尘剂是为了（ ）。
A. 防止绝缘子破裂　　B. 延长使用寿命　　C. 增加强度　　D. 防止绝缘子闪络
答案：D

9. 发电机失磁的现象为（ ）。
A. 发电机无功为零，系统频率降低
B. 定子电压、电流减小，转子电压、电流表指示正常
C. 事故喇叭响，发电机出口断路器跳闸，灭磁开关跳闸
D. 转子电流表、电压表指示到零或在零点摆动
答案：D

10. 中性点不接地系统中，某变电站电压互感器的开口三角形侧 B 相接反，则正常运行时，如一次侧运行电压为 10kV，则开口三角形的输出为（ ）V。
A. 67　　B. 100　　C. 0　　D. 200
答案：A

## 二、多选题

1. 对线路单相接地，可利用什么电流构成有选择性的电流保护或功率方向保护？（ ）
A. 单相接地故障的暂态电流
B. 消弧线圈补偿后的残余电流，例如残余电流的有功分量或高次谐波分量
C. 网络的自然电容电流
D. 人工接地电流，但此电流应尽可能小些，不宜大于 10～20A
答案：ABCD

2. 杆塔是支承架空线路导线，并使（ ），以及导线对大地和交叉跨越物之间有足够的安全距离。
A. 导线与支撑物之间　　B. 上导线与落物之间
C. 导线与导线之间　　D. 导线与杆塔之间
答案：CD

3. 瓦斯保护的保护范围是（ ）。
A. 分接开关接触不良或导线焊接不良

B. 匝间短路，绕组与铁芯或与外壳间的短路

C. 变压器内部的多相短路

D. 油面下降或漏油

答案：ABCD

4. 对重合闸装置的要求有（  ）。

A. 一般自动复归。有值班人员的 10kV 以下线路也可手动复归

B. 手动投入断路器于故障线路，由保护将其跳开后，不应重合

C. 手动或遥控跳闸时，不应重合

D. 重合闸起动采用控制开关与断路器位置不对应原理及保护起动，而且保证仅重合一次

答案：ABCD

5. 冲击电流残压包括陡波冲击电流残压、（  ）。

A. 操作冲击瞬间残压  B. 雷击冲击瞬间残压

C. 雷击冲击电流残压  D. 操作冲击电流残压

答案：CD

6. 在电阻、电感、电容的串联电路中，出现旦路端电压和总电流同相位的现象，叫串联谐振。串联谐振的特点有（  ）。

A. 在电感和电容上可能产生比电源电压大很多倍的高电压，因此串联谐振也称电压谐振

B. 电抗 $X$ 等于零，阻抗 $Z$ 等于电阻 $R$

C. 电路呈纯电阻性，端电压和总电流同相位

D. 电路的阻抗最小、电流最大

答案：ABCD

7. 接入分布式电源的配电网线路重合闸的运行原则是（  ）。

A. 分布式电源侧重合闸停用

B. 采用解列重合闸方式，即系统侧重合闸采用检无压三相重合闸

C. 采用三相一次重合闸

D. 不具备条件时重合闸停用

答案：ABCD

8. 35kV 馈供线路时，一般应装设的保护有（  ）。

A. 过电流保护  B. 光纤差动保护  C. 电流速断保护  D. 带时限速断保护

答案：ACD

9. 电抗器按结构及冷却介质可分为（  ）。

A. 空心式  B. 油浸式  C. 干式  D. 铁芯式

答案：ABCD

10. 断路器按安装地点可分为（  ）。

A. 防爆式  B. 户外式  C. 户内式  D. 液压式

答案：BC

# 第四章　配电网通信

> **概　述**
>
> 本章主要介绍配电网通信系统概述、配电网通信接入技术、5G通信技术介绍等内容，包括五个培训模块。Ⅰ级人员应重点掌握配电网通信系统概述、配电网通信接入技术；Ⅱ级人员应重点掌握、5G通信技术介绍、配电网通信建设要求；Ⅲ级人员应重点掌握配电网通信建设要求、配电网通信运维管理。

## 第一节　配电网通信系统概述

### 一、电力通信网介绍

电力通信网是支撑和保障电网生产运行，由覆盖各电压等级电力设施、各级调度等电网生产运行场所的电力通信设备所组成的系统，是确保电网安全、稳定、经济运行的重要手段，是电力系统的重要基础设施。

**（一）电力通信网特点**

电力系统为了安全、经济地发供电，合理地分配电能，保证电力质量指标，及时地处理和防止系统事故，就要求集中管理、统一调度，建立与之相适应的通信网。电力系统通信是电力系统不可缺少的重要组成部分，是电网实现调度自动化和管理现代化的基础，是确保电网安全、经济调度的重要技术手段。

由于电力系统生产的不容间断性和运行状态变化的突然性，要求电力通信网高度可靠、传输迅速，因此需要建立与电力系统安全运行相适应的专用通信网，对于在系统运行中具有重要意义的发电厂、变电站应具备互为备用的通信通道。

**（二）电力通信网分类**

1. 按网络层级分，电力通信网可分为骨干通信网、终端通信接入网。

骨干通信网：涵盖35kV及以上电网厂站及公司系统各类生产办公场所，由省际骨干通信网（缩写GW）、省级骨干通信网（缩写SW）、地市骨干通信网（缩写DW）构成。省际骨干通信网由国网公司总部（分部）至省公司、直调发电厂及变电站以及分部之间、省公司之间的通信系统组成；省级骨干通信网由省公司至所辖地（市）公司、直调发电厂及变电站以及辖区内各地市公司之间的通信系统组成；地市骨干通信网由地市公司至所属县公司、直调发电厂和35kV及以上变电站、供电所及营业厅等的通信系统组成。

终端通信接入网：主要涵盖35kV以下配电自动化应用、用电信息采集等各类终端场所，是电力系统骨干通信网络的延伸，是电力通信网的重要组成部分，由业务节点接口（SNI）和用户网络接口（UNI）之间一系列传送实体（如线路设施和传输设施等）组成，以骨干通信网节点为通信接入点，提供配电、用电业务终端同电力骨干通信网的连接，实现配用电业务终端与系统间的信息交互，具有业务承载和信息传送功能。终端通信接入网模型如图 4-1 所示。

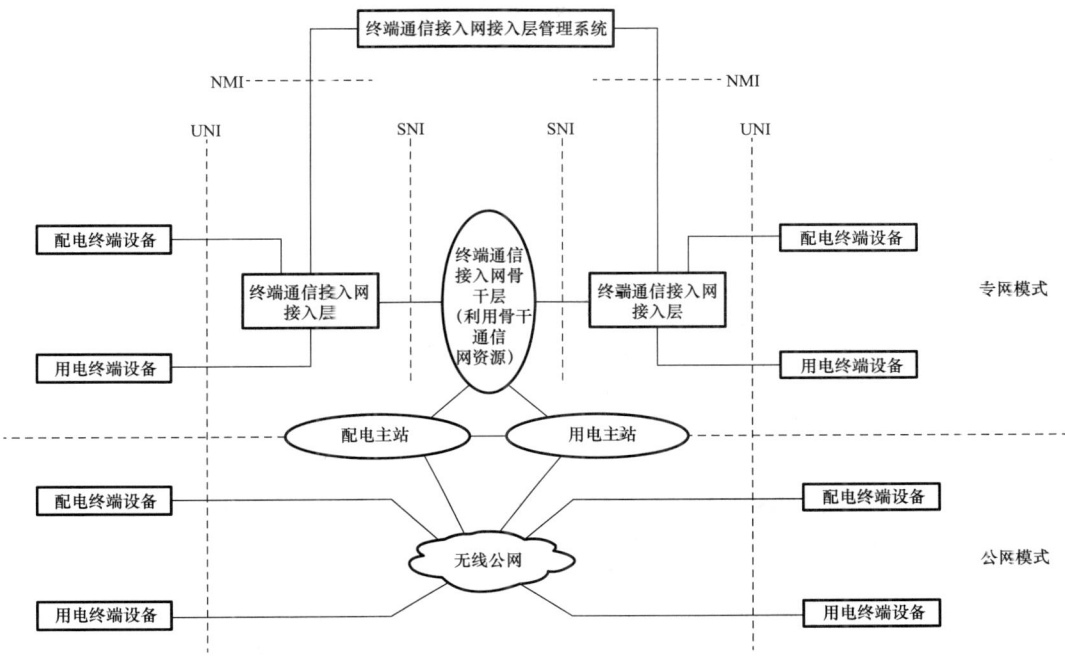

图 4-1  终端通信接入网模型

2. 按网络功能电力通信网可分为传输网、业务网、支撑网。

传输网：包括有线传输网和无线传输网两大类。其中有线传输包括光纤、电力线载波、电缆等传输方式，无线传输包括微波、卫星、无线专网等传输方式，传输网承载语音、数据、自动化、保护、监控等多种业务，为各类数据提供传输通道。

目前，传输网以光纤传输为主，主要技术体制有 PDH、SDH（MSTP）、OTN、PTN、xPON 等。

PDH：全称为 Plesiochronous Digital Hierarchy，即准同步数字系列。无统一的数字接口，网管能力弱，带宽小，目前已不多用。

SDH：全称为 Synchronous Digital Hierarchy，即同步数字系列。MSTP（Multi-Service Transport Platform 多业务传送平台）中的一种，是由一些基本网络单元（NE）组成的，在传输媒质上（如光纤、微波等）进行同步信息传输、复用、分插和交叉连接的传送网络。能提供 64K、2M、155M、622M、2.5G、10G 等小颗粒业务。中兴 SDH 设备如图 4-2 所示。

OTN：全称为 Optical Transport Network，即光传送网络。以波分复用技术为基础、在光层组织网络的传送网，是下一代的骨干传送网，提供 1G 以上大带宽、大颗粒业务，满足大业务容量需求。华为 OTN 设备如图 4-3 所示：

图 4-2 中兴 SDH 设备

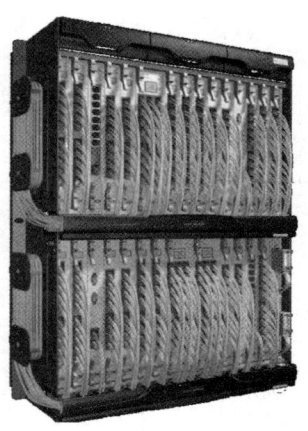

图 4-3 华为 OTN 设备

PTN：全称为 Packet Transport Network，即分组包交换网络。是一种以分组作为传送单位，承载电信级以太网业务为主，兼容 TDM（时分复用）、ATM（Asynchronous Transfer Mode，异步传输模式）等业务的综合传送技术。华为 PTN 设备如图 4-4 所示。

图 4-4 华为 PTN 设备

xPON：全称为 x-Passive Optical Network，即无源光网络。PON 是一种基于点到多点（P2MP）结构的单纤双向光接入网络，根据底层承载协议的不同可以分为 APON（异步传输模式 ATM-PON）、EPON（以太网 Ethernet-PON）、GPON（千兆 PON）等（详见本章第二节配电网通信接入技术）。

业务网：根据不同业务种类，业务网可以分为继电保护、安控、调度数据网、调度/行政电话交换网、配电自动化、用电信息采集、数据通信网、电视电话会议系统等各类业务。

支撑网：支撑传输、业务正常运行的支撑网络，包括同步时钟、网管系统、应急通信、动力环境等。

## 二、配电网通信系统介绍

### （一）配电网通信系统概念及组成

配电网通信系统（Communication for Distribution System，CDS）包括通信线路设施、汇聚设备、终端通信设备、主站系统、网管平台等，应满足配电自动化系统、用电信息采集系统、分布式电源、电动汽车充换电设施及储能设施等源网荷储终端的远程通信通道接入需求，实现各类终端与主站系统间的信息交互，具有多业务承载、信息传送、信息安全防护、网络管理等功能。配电网通信系统通过综合利用多种经济合理、先进成熟的通信技术，实现不同区域、不同配电网架结构以及复杂的运行环境下各类终端的灵活高效接入，其网络结构复杂、终端节点数量多、通信节点分散、双向，对通信网络的可靠性、生存性、信息安全性要求较高。

其逻辑结构如图4-5所示。

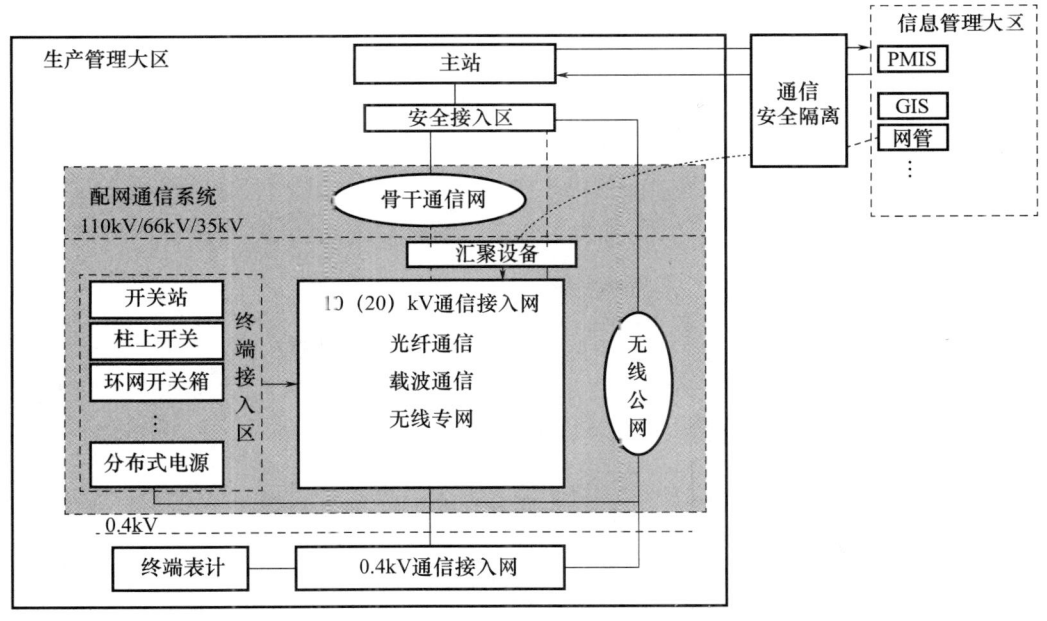

图4-5 配电网通信系统构成

配电网通信系统以骨干通信网节点为通信接入点，向下覆盖到配电网开关站、配电室、环网柜、柱上开关、配电变压器、分布式电源、电动汽车充换电站、智能电表等设备，是支撑配电环节通信多种业务共用的通信接入平台。

配电网通信网按电压等级可划分为中压配电通信网和低压配电通信网，中压配电通信网主要用于承载10（20）kV中压配电自动化相关业务，低压配电通信网主要用于承载低压配电自动化、用电信息采集等相关业务。

配电网通信网主要采用光纤、无线公网、无线专网覆盖，对于三遥节点采用光纤通信方式和无线专网方式,光纤通信方式的光缆类型主要为 ADSS 光缆或普通光缆,主要形式包括架空光缆、管道光缆,光缆芯数多为 24 芯;对于二遥节点一般采用无线公网,少量采用无线专网、光纤通信方式,光纤通信的技术体制一般采用 xPON,无线专网的技术体制采用 TD-LTE。

**(二)典型配电网通信系统模型**

典型配电网通信系统模型如图 4-6 所示:配电终端通过不同的通信接入技术(如 xPON、工业以太网、无线专网等)就近接入变电站 SDH 设备,经由通信传输接入网 SDH 汇聚至骨干网 SDH,将配电终端数据传至配电主站,实现信息之间的交互,支撑配电业务应用服务。

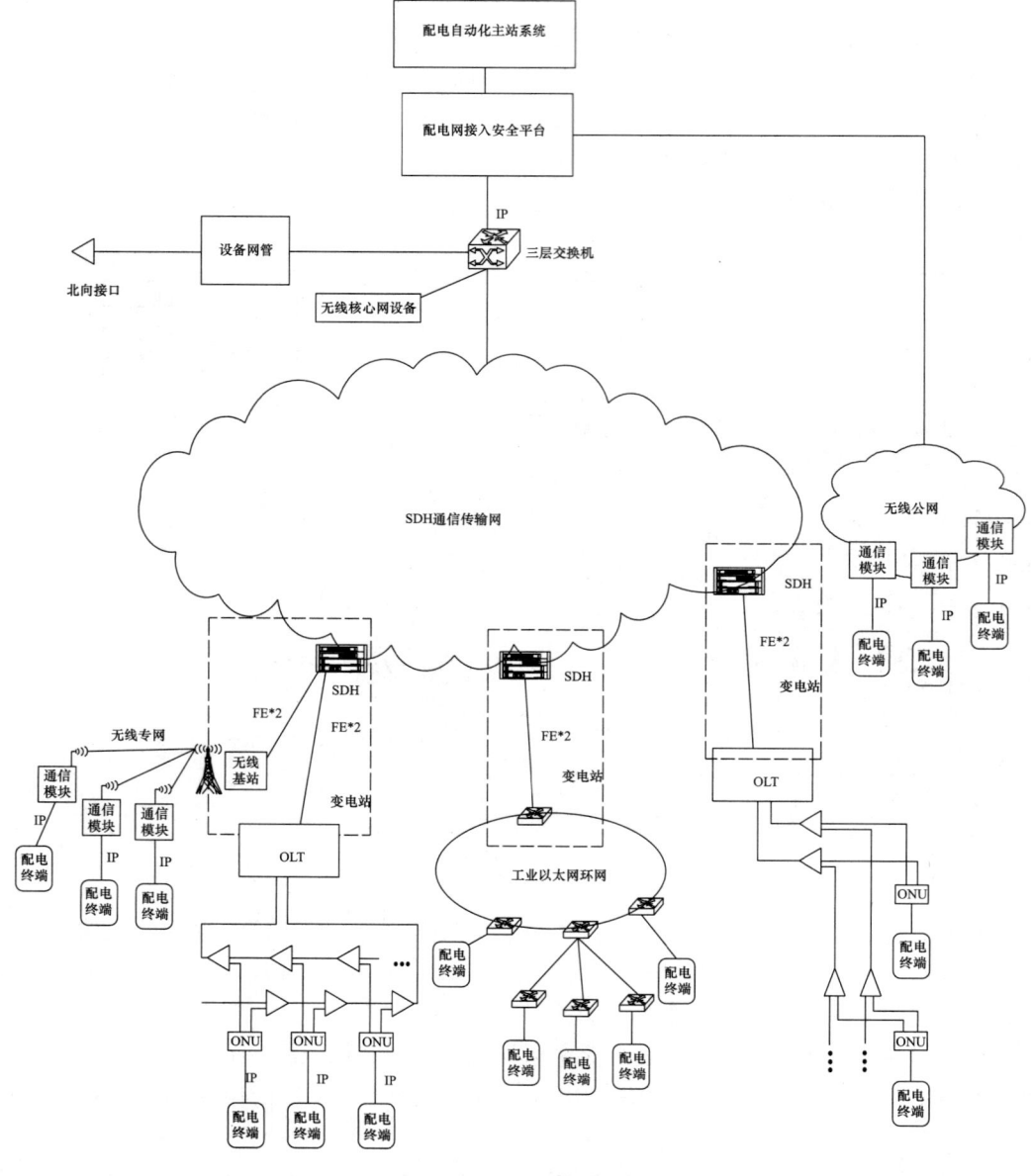

图 4-6 配电网通信系统模型

配电通信接入网为配网系统数据的交互提供最底层的业务接入，并上联至骨干通信网进行数据汇聚，实现主站系统与现场终端间的数据交互。

传统配网二遥终端主要通过运营商无线公网完成业务接入，并通过公网实现与三站系统的数据交互；配网三遥终端因考虑其控制功能的安全性，由配电通信接入网（光纤通信、无线专网）完成业务接入，并通过骨干通信网实现配网数据交互，摆脱了运营商公网的限制，提高了安全可靠性能。

## 第二节　配电网通信接入技术

配电网通信接入技术主要包括有线通信接入技术和无线通信接入技术两大类。有线通信包括光纤通信 xPON、工业以太网技术及电力线载波通信；无线通信包括无线专网、无线公网等。

配电网通信技术分类如图 4-7 所示。

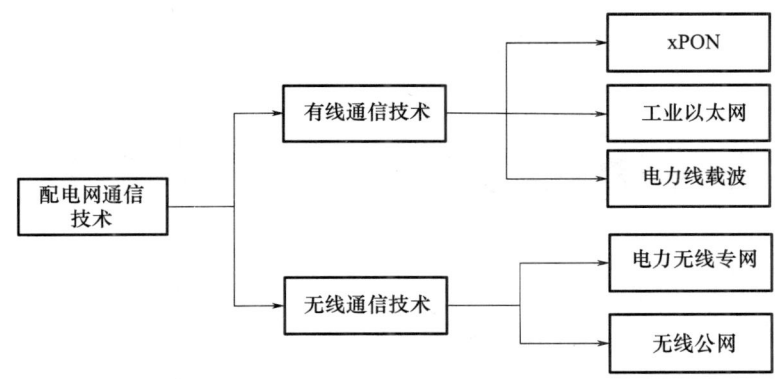

图 4-7　配电网通信技术分类

### 一、配电网有线通信接入技术

**（一）xPON（x-Passive Optical Network，无源光网络）**

PON 是一种基于点到多点（P2MP）结构的单纤双向光接入网络。PON 系统由局端的光线路终端（OLT，Optical Line Terminal）、光分配网络（ODN，Optical Distribution Network）和用户侧的光网络单元（ONU，Optical Network Unit）或光网络终端（ONT，Optical Network Terminal）组成，为单纤双向系统。在下行方向（OLT 到 ONU），OLT 发送的信号通过 ODN 到达各个 ONU。在上行方向（ONU 到 OLT），ONU 发送的信号只会到达 OLT，而不会到达其他 ONU。为了避免数据冲突并提高网络效率，上行方向采用 TDMA 多址接入方式，并对各 ONU 的数据发送进行管理。ODN 在 OLT 和 ONU 间提供光通道。

根据底层承载协议的不同可以分为 APON（异步传输模式 ATM-PON）、EPON（以太网 Ethernet-PON）、GPON（千兆 PON）等。APON 以 ATM 为承载协议，结构复杂，只支持低速率。EPON 以 Ethernet 以太网为承载协议，最高速率支持 1.25GB/s，可以支持更多用户。GPON 支持 1G/s 以上速率的 PON 技术，结构复杂，成本更高。目前配电网通信运用最多的主要是 EPON 技术,EPON 技术始于 20 世纪 90 年代,如今已发展到大规模商用阶段。EPON 系统设备由三部分组成,分别是线路侧设备(OLT)、中间分光设备(ODN)、用户侧设备(ONU 或 ONT),EPON 系统参考结构图如图 4-8 所示。

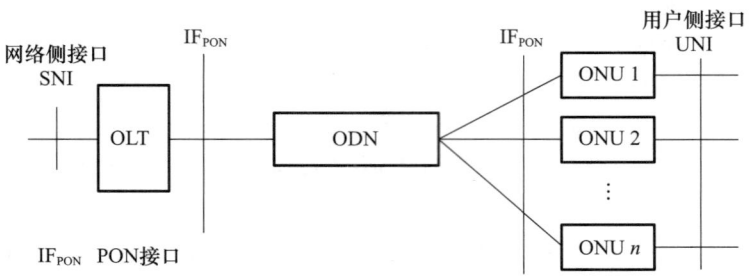

图 4-8　EPON 系统参考结构图

OLT:光线路终端(Optical Line Terminal),提供业务网络与 ODN 之间的光接口,一般安装于变电站内,通过以太网接口上联骨干通信传输网 SDH 设备,将配电网数据通过骨干通信网传至自动化主站;通过 ODN 下联 ONU 设备,采集配网数据,用于业务汇聚。中兴和华为 OLT 设备如图 4-9、图 4-10 所示。

图 4-9　中兴 OLT 设备

 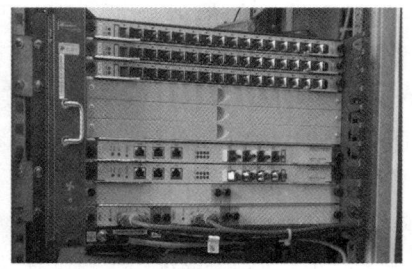

图 4-10　华为 OLT 设备

ODN：光分配网，无源器件，为 OLT 与 ONU 之间提供光传输手段，通过光缆上联 OLT，下联 ONU 和下一级分光器，通过不同的分光比例实现光信号分配和站点级联。其主要功能是完成 OLT 与 ONU 之间的信息传输和分发作用，建立 ONU 与 OLT 之间的端到端的信息传送通道，ODN 的配置通常为点到多点方式，即多个 ONU 通过一个 ODN 与一个 OLT 相连。ODN 示意图如图 4-11 所示。

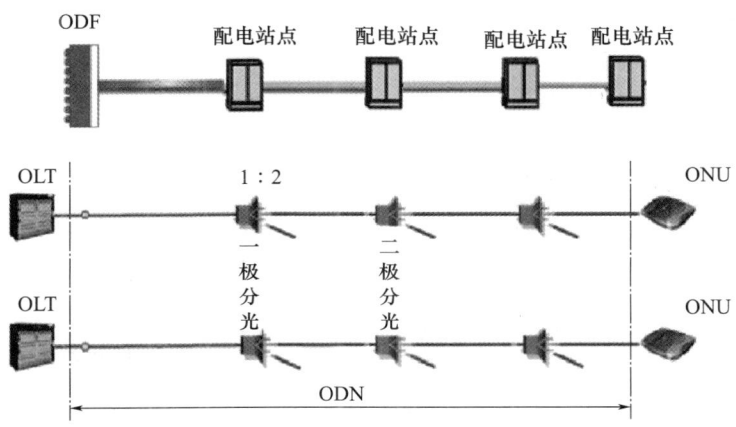

图 4-11  ODN 示意图

ONU：光网络单元（Optical Network Unit），一般安装在 10kV 配电站或配电设施附近，通过分光器上联 OLT，下联配电终端设备（如 DTU、FTU 等），用于业务接入。目前部分中兴 ONU 已集成 ODN 功能。中兴及华为 ONU 设备如图 4-12、图 4-13 所示。

图 4-12  中兴 ONU 设备

图 4-13  华为 ONU 设备

EPON 网络拓扑结构主要有星形、链形、总线形、环形、手拉手形等，典型拓扑如图 4-14 所示。

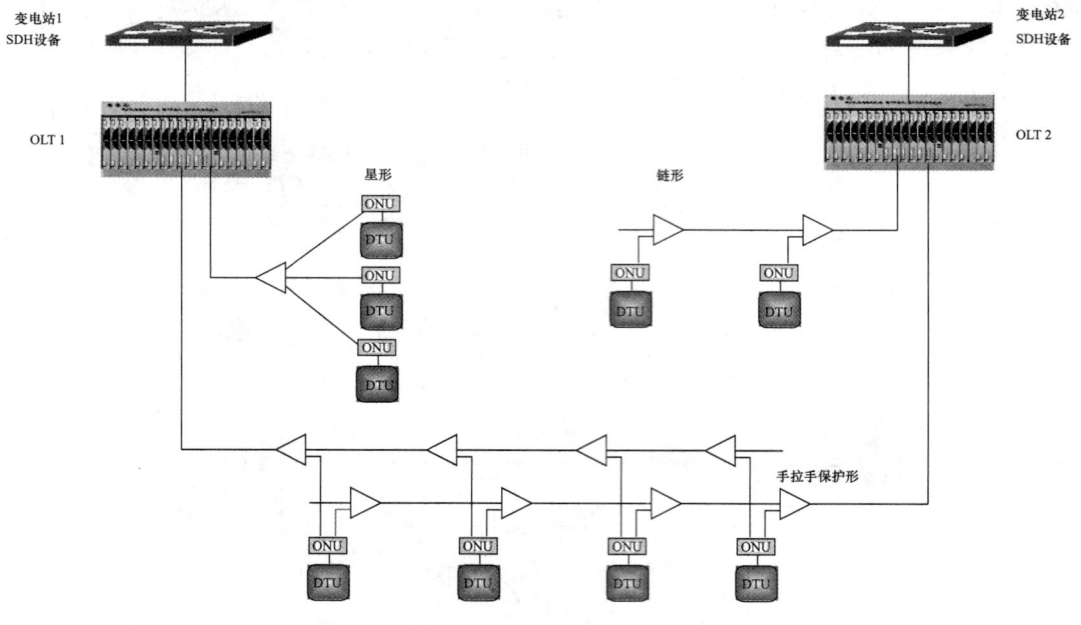

图 4-14　EPON 典型拓扑

EPON 主要技术特点如下。

（1）采用单纤波分复用技术（下行 1490nm，上行 1310nm），单纤实现信号上下行传输。

（2）覆盖范围小于 20km，建设成本较高。

（3）具有抗多点失效功能。

（4）采用无源器件，故障率低。

（5）安全防护性能好。

（6）支持多种业务，满足不同的 QoS 要求。

在配电网 EPON 通信网中，ONU 终端的取电通常可以通过电压互感器变换电压，就近配电变压器取电等方式进行，工程实际中，开闭所、负荷中心、用户电表处取电相对方便，环网柜、柱上开关、变压器等处可采用电压互感器＋蓄电池（UPS）方式取电。

### （二）工业以太网

工业以太网是基于 IEEE 802.3（Ethernet）的强大的区域和单元网络，主要由工业以太网交换机和光缆组成。配用电自动化系统现场环境错综复杂，传统的民用交换机在复杂的电磁环境和恶劣的温湿度环境中不能满足现场的可靠性要求。工业级以太网交换机采用工业化设计手段，能够满足工业网络的需求，为用户搭建安全可靠的通信环境。

工业以太网组网宜采用环形拓扑结构，在变电站放置三层交换机，在各配用电终端配置工业以太网交换机。通过光缆组成配电区域交换机环网，上联骨干通信网

SDH 设备，下联各类配电业务终端，汇聚配电网数据，通过骨干通信网传至自动化主站系统。变电站的三层交换机支持 OSPF、RIP 路由协议，对接入的工业以太网交换机而言，主要起到 VLAN 间路由和广播的隔离作用。同一环内节点数目不宜超过 20 个。

工业以太网交换机组网图如图 4-15 所示。

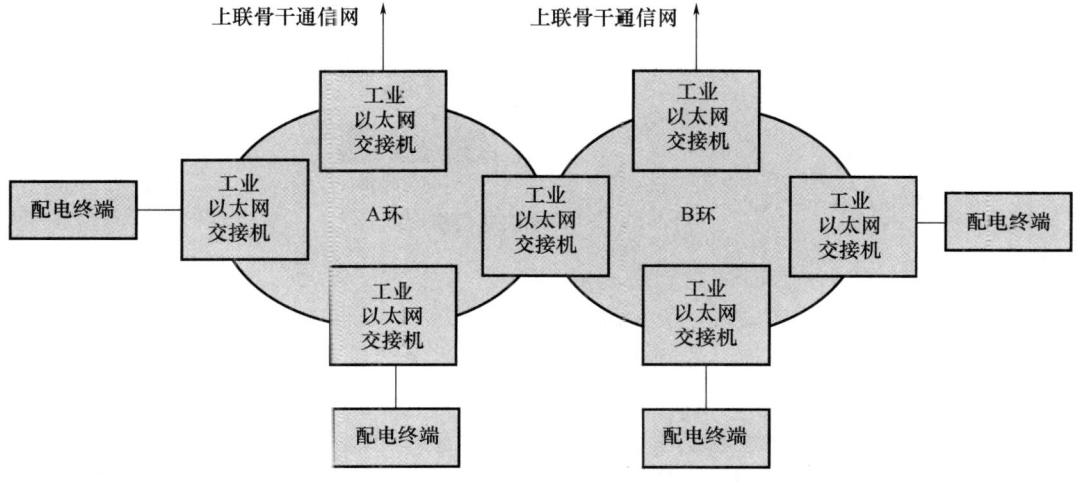

图 4-15　工业以太网交换机组网图

工业以太网主要技术特点如下。

（1）采用以太网交换技术，范围小于 20km，建设成本高。
（2）一般采用链形、环状拓扑结构组网。
（3）实时性高，但不具有抗多点失效功能。
（4）安全防护性能较好。

**（三）电力线载波通信**

电力线载波通信以电力线为通信媒介来实现信息传输，最突出的技术优势在于无须敷设专用的通信电缆，具有丰富的媒介资源。根据应用的电压等级可分为中压电力线（10kV、35kV 电压等级）载波通信和低压电力线（380V 及以下电压等级）载波通信。根据工作频段的不同分为窄带（采用 3~500kHz 工作频带）载波通信和宽带（采用 1~30MHz 工作频带）载波通信，窄带载波通信传输速率为 10~50Kbit/s；宽带载波通信传输速率在 10~100Mbit/s，支持 IP 协议，可以满足 IP 业务需求。

电力线载波通信利用现有电力线进行传输，是电力系统特有的通信方式，属于专网通信，可以用于配电自动化、用电信息采集等系统中，作为 A+类、A 类、B 类供电区域不具备铺设光缆的情况下的一种技术补充。

目前在配电网系统应用较多的是电力线载波通信（PCL），利用现有配电线路作为通信传输介质进行透明传输，通过载波通信集中器采集配电网设备数据传至系统主站。PLC 载波通信组网图如图 4-16 所示。

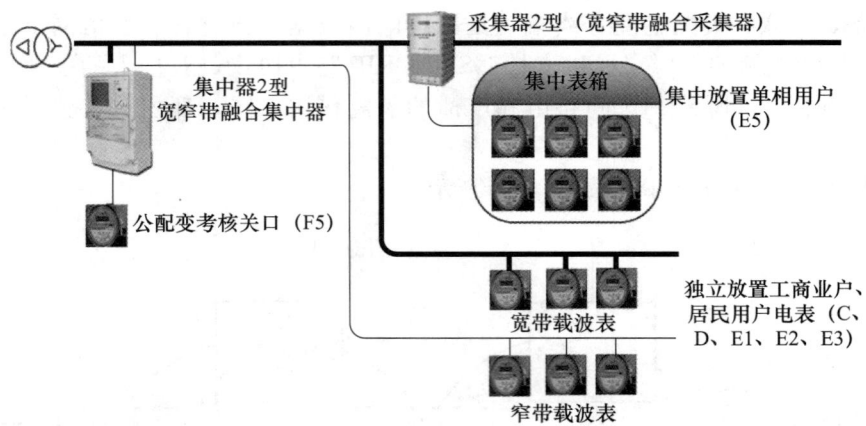

图 4-16 PLC 载波通信组网图

PLC 主要技术特点如下：
（1）投资小，建网速度快，无须改变原有线路。
（2）既有宽带系统高速、准确的优点，也有窄带系统成本低、安装方便的优势。
（3）载波信道干扰严重、时变衰减大、阻抗变化大。
（4）传输速率、可靠性、损耗、传输时延都存在问题。

电力线载波通信技术按传输的频带宽度区分，可以分为宽带电力线技术和窄带电力线技术。随着智能电表功能需求的不断增加，窄带载波技术已不能满足要求。宽带电力线载波技术（HPLC）具有高实时性、高速率、抗干扰能力强、可靠性高等优点，在实时数据采集和高速传输方面有很大优势。HPLC 采用 OPDM（正交频分复用）技术、多载波调制 DMT（离散多音频）等调制技术来解决电力线载波通信长期存在的不稳定、信号衰减大、传输带宽和距离受限的问题。通过将可用的信道带宽划分为若干理想的子信道，并在预定的频带内使用若干正交载波信号，有效解决电力线路数据传输中的干扰问题。

## 二、配电网无线通信接入技术

### （一）无线专网技术

电力无线专网是依托变电站等自有物业及骨干网络设施建设的全环节自有的无线通信网络，主要包括业务承载网、核心网、回传网、基站（铁塔）及终端五部分。无线专网网络拓扑图如 4-17 所示。

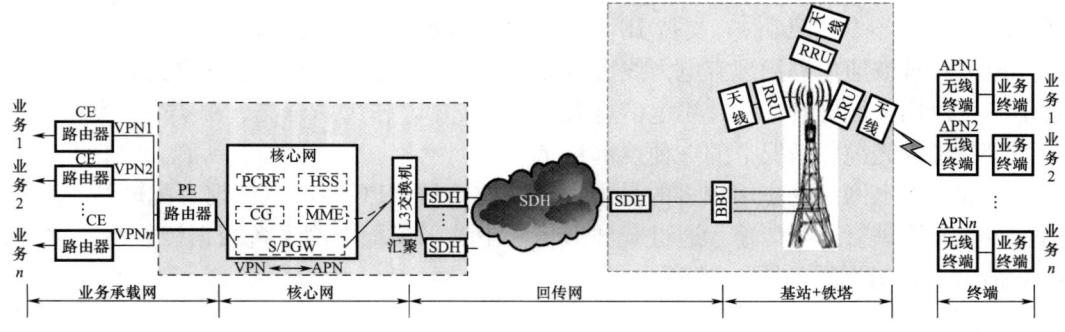

图 4-17 无线专网网络拓扑图

业务承载网：通信主站至业务系统的一系列网络实体，实现业务系统与核心网互联。

核心网：一般部署在地市公司通信机房，主要用于数据处理与转发、用户信息存储、信令处理、用户管理、流量统计及 QoS 策略控制等。

回传网：由现有的通信骨干 SDH 网络承载，基于现有 SDH 网络建立专线或共享通道，实现核心侧与接入侧终端之间的数据互通。

基站（铁塔）：基站根据覆盖需要，依托变电站等自有物业，设置在相应的变电站、办公场所等地，一般分为三个扇区，可使用 1.8GHz 或 230MHz 两种频率，对附近地区实现无线覆盖，为配用电等终端提供无线接入。天馈线应根据周围环境以及覆盖需要灵活选择全向天线或定向天线。天馈线应可靠接地。

终端：包括通信终端和业务终端。通信终端实现业务终端与基站之间的互联互通，业务终端采集各类业务数据，通过无线方式汇聚至接入变电站，再通过回传网、核心网上传至主站系统。

国网公司从 2016 年开始在部分省份试点建设电力无线专网，主要采用 230MHz 和 1.8GHz 两个频段，用于接入配电自动化、配变监测、源网荷、用电信息采集、视频监控等各类业务。

无线专网主要技术特点如下。
(1) 建网速度快、建设成本低、扩展能力强、灵活性高。
(2) 部署灵活，配置伸缩性强，可平滑升级。
(3) 传输速率、可靠性、损耗、传输时延、信息安全性问题都不如光纤。
(4) 频谱资源紧张，需提前申请。

**（二）无线公网技术**

无线公网通信是指采用租用运营商的网络，使配用电终端设备通过无线通信模块接入无线公网，再经由专用光纤网络接入到主站系统的通信方式，目前无线公网通信主要包括 GPRS（2.5G 技术，通用分组无线业务）、CDMA（2G 技术，码分多址）、3G、4G 等，所承载业务必须满足安全分区要求，通常采用 APN 专线方式接入，无线公网组网图如图 4-18 所示。

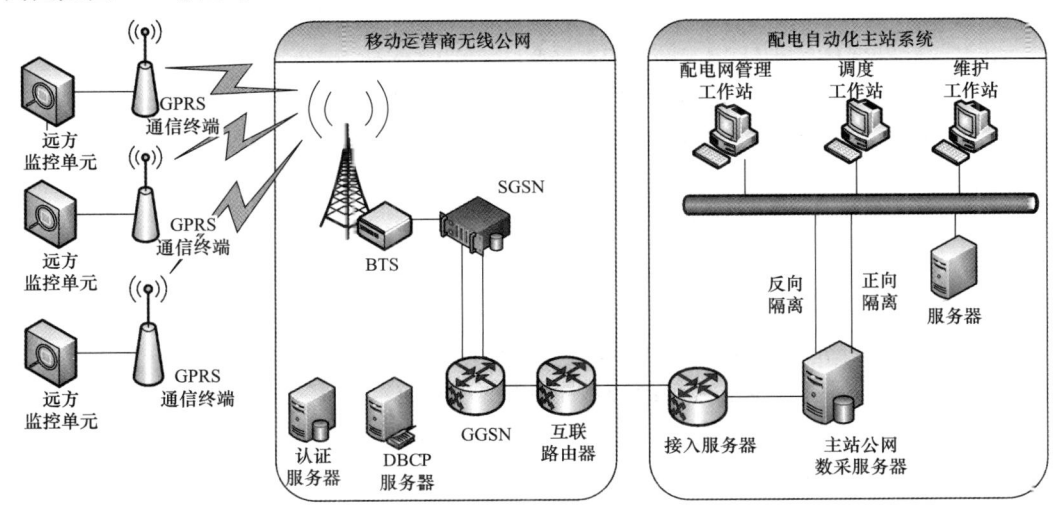

图 4-18 无线公网组网图

相较于无线专网方式，采用无线公网传输终端业务数据，不需要通过电力骨干通信网，而直接通过运营商的无线网络将数据传送至电力系统业务主站。

无线公网主要技术特点如下：
（1）采用移动通信技术，覆盖范围约为全覆盖，建设成本低。
（2）灵活组网，随时随地接入。
（3）实时性低、租用网络，网络不受控，可靠性难以保证。
（4）安全防护性能低。

### 三、配电网各类通信接入技术特点

（1）光纤专网通信方式带宽高、容量大、覆盖范围广，可靠性、实时性、安全性都很高，适用于接入通信领域的所有业务，能够对将来智能配用电领域视频监控、双向营销互动等业务以及"多网融合"的目标进行支撑，和其他通信方式相比优势明显，但光纤专网通信方式建设成本比较高。

（2）中压电力线载波通信技术为电力系统特有的通信方式，利用10kV配电线路为媒质进行通信，无须布线，具有成本低、安全性好等优点，但由于频带限制，中压窄带电力线通信技术的传输带宽和实时性较低，不能满足将来视频业务和双向营销互动业务的需求。

（3）无线专网通信技术目前主要以 TD-LTE 为主，主要应用在 1.8GHz、230MHz，带宽高、系统容量大、扩展性好，实时性较好，能够满足配用电领域的业务发展需求。但无线宽带通信技术的无线频谱资源的分配，政策导向尚不明朗，1.8GHz频率申请难度较大，230M频谱目前只能使用电力系统的40个频点，与负控电台频点有冲突。

（4）无线公网（GPRS/CDMA/3G/4G）通信方式具有建设成本较低等优点，但无线公网技术由于带宽和安全可靠性的原因对高带宽需求（如双向营销互动业务）及控制类业务无法支持。同时因受无线公网基站设置位置、基站维护或调整、覆盖范围等不可控因素影响，公网信号不稳定，采集成功率的提高受到一定限制。

## 第三节　5G 通信技术介绍

第五代移动通信技术（5th Generation Mobile Networks 或 5th Generation Wireless Systems、5th-Generation，简称 5G 或 5G 技术）是最新一代蜂窝移动通信技术，也是继 4G（LTE-A、WiMax）、3G（UMTS、LTE）和 2G（GSM）系统之后的延伸。5G 的性能目标是高数据速率、减少延迟、节省能源、降低成本、提高系统容量和大规模设备连接。

### 一、5G 网络特点

5G 技术是为了应对爆炸性的移动数据流量增长、海量的设备连接、不断涌现的各类新业务和应用场景，同时与行业深度融合，满足垂直行业终端互联的多样化需求，实现真正的"万物互联"，构建社会经济数字化转型的基石。

**（一）全新的应用场景规划**

ITU 为 5G 定义了增强移动宽带（eMBB）、低时延高可靠（URLLC）、海量大联结（mMTC）三大应用场景。实际上不同行业往往在多个关键指标上存在差异化要求。5G 目标为多样化的应用场景提供定制化的应用服务,差异化安全服务,用于满足用户需求,提升用户体验,保护用户隐私并支持提供开放的安全能力。应用场景如图4-19所示。

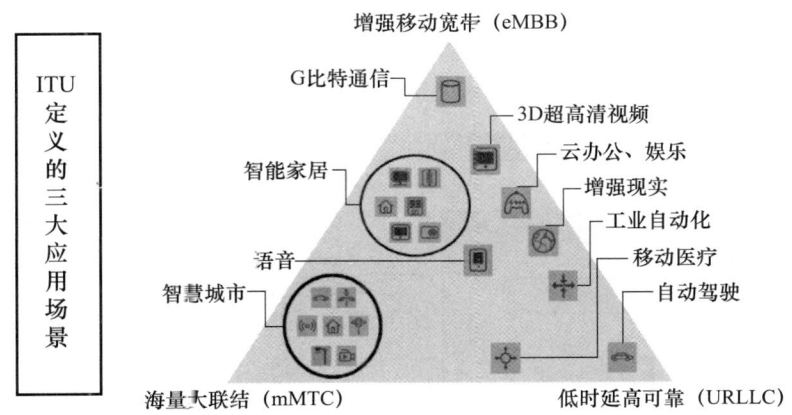

图4-19 应用场景图

(1)增强移动宽带:在用户密集区为用户提供了1Gbit/s的体验速率和10Gbit/s的峰值速率,较4G接入速率提升10倍。典型应用包括超高清视频、虚拟现实、增强现实等。

(2)低时延高可靠:超高可靠与低延迟的通信。提供毫秒级的端到端时延和接近100%的业务可靠性保证,适用于无人驾驶、工业自动化等低时延高可靠业务。

(3)海量大连接:大规模物联类通信。提供具备超千亿网络连接支持能力,适用于大规模传感和数据采集业务。典型应用包括智慧城市、智能家居等。这类应用对连接密度要求较高,同时呈现行业多样性和差异化。

**(二)更高效的性能目标**

为了匹配5G三大应用场景以及多样化的行业需求。5G提出了较之4G更高效的性能目标。5G与4G关键能力对比表见表4-1。

表4-1 5G与4G关键能力对比表

| 关键性能指标 | 定义 | 4G参考值 | 5G目标值 | 提升倍数 |
| --- | --- | --- | --- | --- |
| 用户体验速率(bit/s) | 真实网络环境下用户可获得的最低传输速率 | 100M | 0.1~1G | 10~100倍 |
| 连接数密度(个/km²) | 单位面积上支持的在线设备总和 | $10^5$ | $10^6$ | 10倍 |
| 端到端时延(ms) | 数据包从源节点开始传输到被目的节点正确接收的时间 | 10 | 1 | 0.1倍 |
| 移动性 | 满足一定性能要求时,收发双方间的最大相对移动速度 | 350 | >500 | 1.43倍 |
| 流量密度[bit/(s·km²)] | 单位面积区域内的总流量 | 0.1 | 10T | 100倍 |
| 用户峰值速率(bit/s) | 单用户可获得的最高传输速率 | 1G | 20G | 20倍 |
| 能效 | 单位能耗所产生的数据效率 | 1倍 | 100倍 | 100倍 |
| 频谱效率 | 数字调制方式的效率、净比特率 | 1倍 | 3~5倍 | 3~5倍 |

## （三）新空口技术

5G 网络的演进催生出各型新技术，主要体现在新空口技术上。5G 无线通信基于 OFDM（正交频分复用）设计了全新的空口协议，称为 5G 新空口（5GNR-New Radio）协议，5GNR 通过灵活可配置的帧结构、带宽和系统参数，以及多天线等关键技术，满足 5G 多场景和多样化的业务需求，提升网络的整体性能。5G 新空口示意如图 4-20 所示。

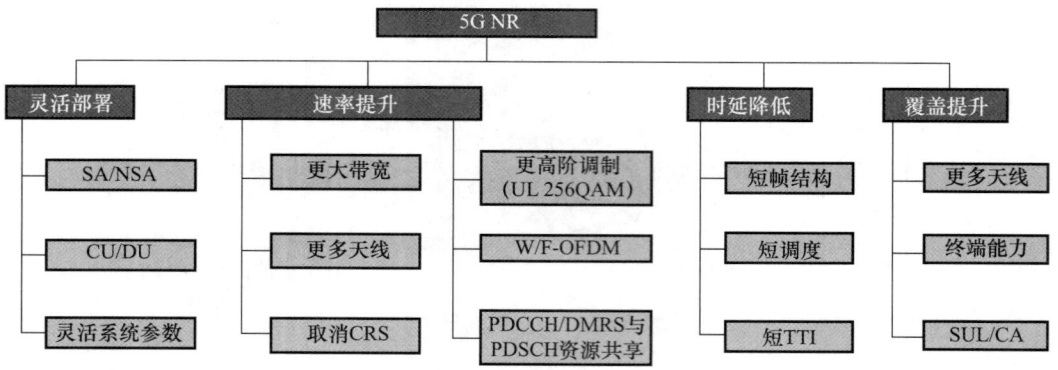

图 4-20　5G 新空口示意图

## 二、5G 组网技术

### （一）系统架构及组网方案

5G 为了适应新的技术标准和行业应用需求而提出了新的系统架构和组网方案 5G 网络架构可以大体分为图 4-21 所示部分：核心网部分、回传网部分、无线接入网部分及前传网部分。

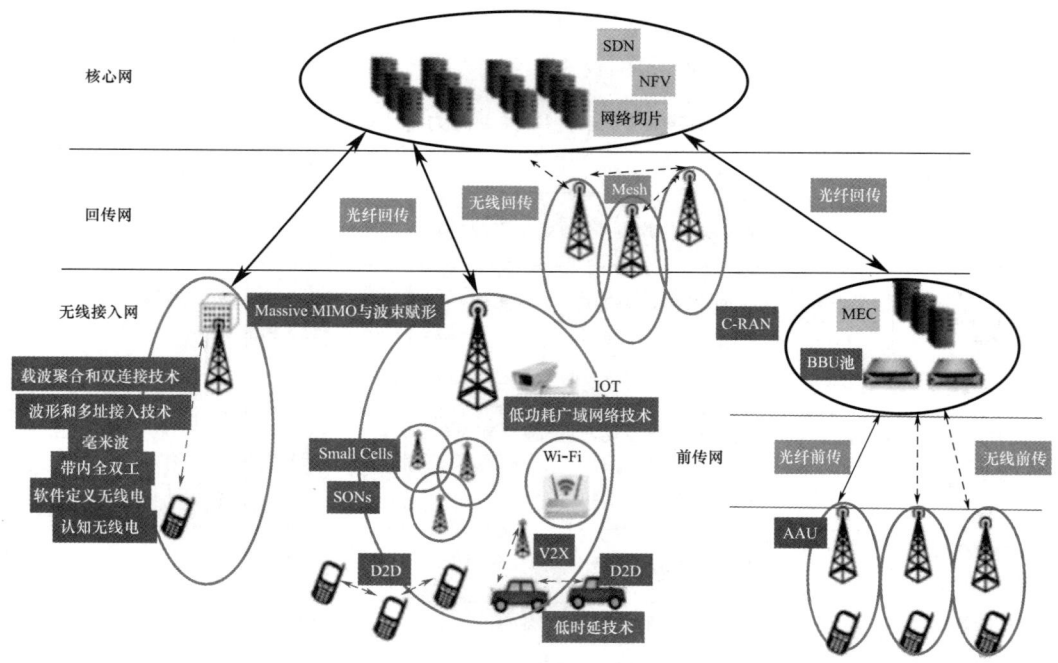

图 4-21　5G 网络系统架构

## （二）网络切片

5G 技术变化的根本原因是为了满足 5G 不同场景的需要，满足多场景业务需求的关键在于"切片"。切片就是把一张物理上的网络，按应用场景划分为 $N$ 张逻辑网络。不同的逻辑网络，服务于不同场景。5G 切片下的业务场景如图 4-22 所示。

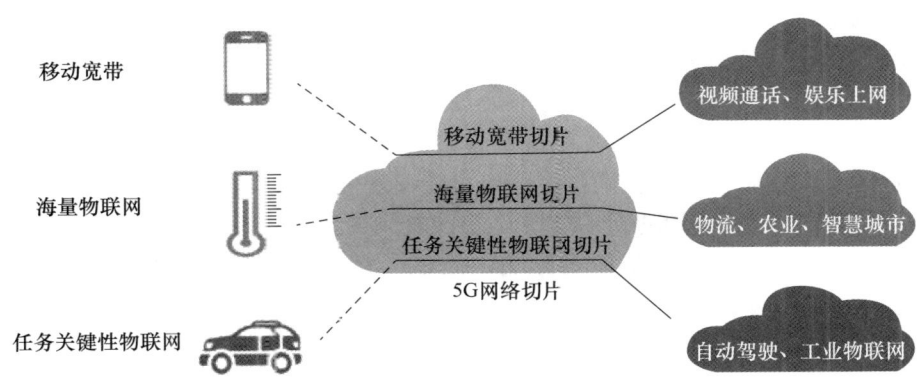

图 4-22　5G 切片下的业务场景

5G 网络切片特点如下：

（1）网络功能定制化。5G 切片应用网络功能虚拟化技术，可以灵活定制网络功能，与不同行业需求、应用场景适配。

（2）资源动态分配。切片网络结束后，用户可以向其他切片释放网络资源，动态分配网络资源，实现灵活化调整，全面提升网络资源利用率。

（3）资源隔离。5G 切片应用安全隔离技术，可以建立安全资源通道，隔离不同切片网络资源、私有数据，提升网络可靠性。

不同的应用场景有不同的网络切片，比如，超高清视频、VR（虚拟现实）、大规模物联网、车联网等，不同的场景对网络的移动性、安全性、时延、可靠性，甚至是计费方式的要求是不一样的，因此，需要将一张物理网络分成多个虚拟网络，每个虚拟网络面向不同的应用场景需求。虚拟网络间是逻辑独立的，互不影响。

## 三、5G 通信技术在配电网保护中的应用

5G 通信技术因其大带宽、低时延、高可靠等特性，在配电网保护、配电自动化、精准负荷控制、虚拟电厂等方面具有广阔的应用前景，特别是在配电网保护领域，在国网系统多家网省公司均以开展相关试点工作，能够实现配电网故障快速隔离，是未来有效提升配电网运行水平的重要技术手段。

### （一）业务定义

配电网保护种类分为过电流保护、零序电流保护、距离保护、电压保护、纵联保护等，其中涉及信息交互的是纵联保护。纵联保护在配网中主要分为纵联电流差动保护与纵联命令式保护。

### （二）业务应用

**1. 纵联电流差动保护（简称差动保护）**

配电网差动保护使用电缆与电流互感器连接完成电流采样，通过网线与 CPE 设

备以太网口连接，采用 UDP/IP 报文协议。同时需接入 B 码对时信号，该信号可以由 CPE 设备提供，或由独立的对时装置提供，对时接口可采用 485 电口或光纤口。目前电信设备商提供的 5GCPE 设备尚不具备对时接口，这是因为 5G 标准里没有对 CPE 提出对时要求。发生故障后通过控制电缆作用间隔断路器进行保护跳闸，保护动作信息通过控制电缆以遥信方式传至二次终端，二次终端通过网线连接 ONU，最终 ONU 通过光纤以 IEC 104 规约报文传送至配电自动化主站。差动保护原理图如图 4-23 所示。

5G 通道的延时偏差是影响差流准确性的重要因素，当无线信道延时过大时，由于延时补偿过大，两侧电流在同步过程中可能出现混叠现象（两侧电流角差可能增大或减小），进而会导致保护的误动或拒动。目前保护装置通过 GPS 独立授时实现基于时钟的同步采样，不受通道传输的影响，但是，同步时标依赖外部对时信号的可靠性，恶劣天气下对时系统发生异常概率增加，此时应闭锁保护，防止保护误动或拒动。

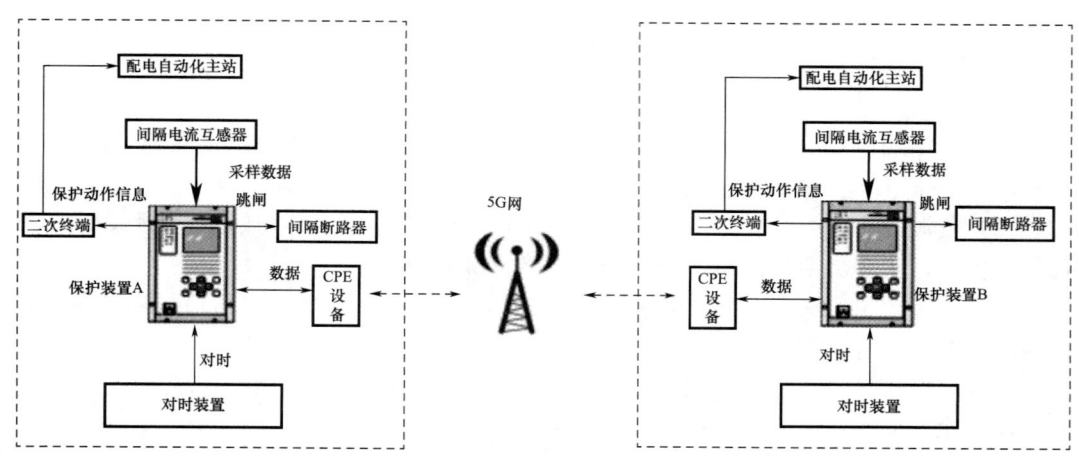

图 4-23 差动保护原理图

2. 网络拓扑保护

配网的网络拓扑保护是一种纵联命令式保护，不同于传统意义上的两端电气量特定关系比对，而是比对相邻点保护装置启动、故障方向。利用配网保护装置间的横向通信，相互传递过流标记、过流方向标记等信号，从而准确定位故障点，且无须考虑配网多级开关的级差配合，配网网络拓扑保护动作逻辑图如图 4-24 所示。下面举例说明其具体实现。

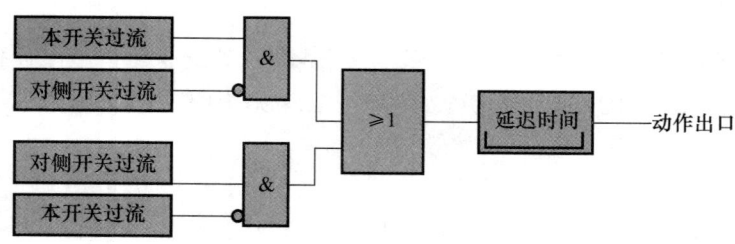

图 4-24 配网网络拓扑保护动作逻辑图

图 4-25 为一条简单的单电源辐射状线路，现假定开关 F4 之后不再有开关，仅有负荷存在。开关 F1～开关 F4 配置网络拓扑保护装置。

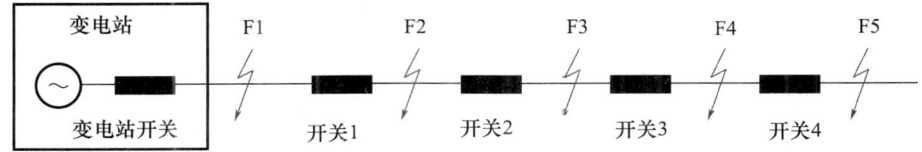

图 4-25　配网网络拓扑保护示意图

通信机制：各配网保护装置与其相邻终端通信，如图 4-25 所示，开关 F1 与开关 F2 通信，开关 F2 同时与开关 F1 和开关 F3 通信，开关 F3 同时与开关 F2 和开关 F4 通信，开关 F4 仅与开关 F3 通信。

保护逻辑：除首端开关外，当自身电流大于过流门槛值，且相邻一侧的开关均未达到门槛值时，即可判定自身为故障点上游；当自身电流未达到过流门槛值，且相邻一侧的开关中，有且仅有一个达到过流门槛值时，即可判定为故障点下游。要求在同一时间窗口持续接收来自对侧装置的启动信号，该时间窗可根据通道的最大传输延时设置。当地有小电源时，需增加电压互感器，保护装置增加功率方向判断功能。

（三）安全要求

1. 业务安全

配电网差动保护业务属于生产控制大区（Ⅰ、Ⅱ区），应采用专用通道承载相应业务，与管理信息大区（Ⅲ、Ⅳ区）业务物理隔离。

应采用双向认证及加密方式实现配电主站与装置间的双向身份鉴别，确保数据机密性和完整性。加强配电主站边界安全防护，通过无线网络接入生产控制大区的装置均通过安全接入区接入配电主站；加强装置安全防护，通过身份认证、运维管控等措施，提高装置的防护水平。

2. 通道安全

差动保护装置与纵向通信网络之间应部署电力专用纵向加密认证装置，采用电力专用加密算法，在装置和配电主站前置机之间建立安全通道，实现基于电力调度数字证书的双向身份认证和数据加密，保证链路通信安全。

## 第四节　配电网通信建设要求

### 一、总体原则

（1）配电网通信接入应按照"多措并举、因地制宜、集成整合、无缝衔接、业务透明、监控同意、安全可靠、优质高效"的原则，统一规划和建设"多手段、多功能、全业务、全覆盖"的配电通信接入网，保障配电网安全稳定运行。

（2）以公司通信网规划为依据，统筹多业务需求、深化建设应用协同，建成安全可靠、开放兼容的配电通信接入网体系，提高业务承载和支撑保障能力。

（3）遵循统一技术标准和技术体制，不断建立完善标准体系。技术标准应执行中国国家标准、行业标准和企业标准。暂未规定的标准按等同、等效的原则执行 ISO、ITU、IEC 等相关标准和建议。

(4) 充分利用现有网络资源，提高网络可靠性、兼容性及网络效率，提高投资效益，提高对智能电网业务的服务质量。

(5) 配电网通信技术政策应符合国网公司的集约化、扁平化、专业化的管理运营模式。

(6) 配电网通信新技术采用应以积极研究、稳妥采用为原则，在认真研究和掌握新技术的同时，更要注重技术标准的成熟性、有效性及新技术在智能电网中应用的适用性，结合智能电网通信业务特点采用先进、实用、成熟技术。

## 二、接入技术原则

配电网通信建设应以光纤专网、无线专网通信方式为主，无线公网等通信方式为辅。网络建设遵循"多措并举、因地制宜"的原则，根据区域经济和电网发展现状、业务实际需求以及已建网络情况，因地制宜采用多种通信手段，形成全业务支撑能力。总体技术原则如下。

**(一) 根据不同供电区域选择适宜的通信方式**

A+类、A 类、B 类供电区域：可选择 EPON 或者工业以太网交换机等光通信技术进行组网；在光缆无法铺设区域，无线专网覆盖区域优选无线专网，未覆盖区域可选择光与载波融合技术组网。

C 类供电区域：可选择光通信技术、无线专网和无线公网技术，无线专网覆盖区域优选无线专网，未覆盖区域且具备光缆铺设的区域，优先选择光通信方式，在兼顾成本因素的条件，可选择光与无线融合技术进行组网。

D 类/E 类区域：无线专网覆盖区域优选无线专网，未覆盖区域优先选择无线公网技术，载波可作为备选方式。

**(二) 各类型通信技术适用原则**

光纤通信技术：一般用于"三遥"终端信号传输。应优先使用 EPON 技术组网方案，改造或者特殊需要也可选工业以太网交换机等光纤通信技术进行组网。

中压载波技术：A+类、A 类、B 类供电区域不具备铺设光缆及无线专网未覆盖的情况下，可选择中压载波通信技术作为补充。在其他供电区域可采用中压载波通信方式或者"EPON+中压载波通信"方式进行补充。

无线专网技术：在无法铺设光纤的 A+类、A 类、B 类供电区域，可选用无线专网方式进行补充；在 C 类、D 类区域，可优先采用无线专网方式传输配电业务。

无线公网技术：一般用于"二遥"终端信号传输。所承载业务必须满足安全防护要求，优先采用 APN/VPDN 集中接入方式，须采取可靠的安全隔离和认证措施。

## 三、设备及网管配置要求

**(一) 配电网通信终端设备配置要求**

(1) 配电网通信的各类设备选型应符合集成度高、体积小、功耗低等绿色环保的要求。各类系统应易于维护、管理。

(2) 配电网通信网络应与上级互联互通，接口协议应符合上级规范要求，各级网络互联接口及协议应统一、规范。

(3) 采用 xPON 技术，光线路终端（OLT）宜布置在站室内，接入骨干通信网（四级）；光网络单元（ONU）端口、通道宜采用冗余方式建设。ONU 应支持双 PON 口，双 MAC 地址，至少满足四个 10M/100M 以太网电口、两个 RS232/485 串行接口的接入要求。ONU 应采用直流 24V 供电，额定功耗不应大于 10W，瞬时最大功耗不应大于 15W（持续时间小于 50ms）。

(4) 采用工业以太网技术汇聚交换机宜配置在站室内，接入骨干通信网（四级）；工业以太网应使用环网结构，具备全保护自愈功能。工业以太网交换机光以太网口不少于两个，电以太网口不少于四个。应采用直流 24V 供电，额定功耗不应大于 10W，瞬时最大功耗不应大于 40W（持续时间小于 50ms）。

(5) 采用无线公网技术时，应满足《国家电网公司电力二次系统安全防护管理规定》(国网（调/4）337－2014) 等有关要求，采用基于 VPN 的组网方式，并支持用户优先级管理。

(6) 采用的无线通信模块额定功耗不应大于 3W，瞬时最大功耗不应大于 5W（持续时间小于 50ms）。

(7) 无线专网可采用 230MHz、1800MHz 复用等技术。

(8) 应跟踪通信新技术，积极探索新技术在配电网通信应用的研究。

**（二）配电通信网网管配置要求**

(1) 在建设配电网通信网络时，应同期建成配电网通信设备网管，地市公司配置系统平台，县公司配置终端。

(2) 配电网通信管理系统（AMS）应与骨干通信网相对独立配置，全省集中部署，省公司配置 AMS 核心平台，地市公司配置采集系统和客户端，与骨干通信网管理系统（TMS）在省公司通过横向互联交互数据。

(3) 采用公网方式承载的业务，通信通道应考虑足够安全，通信网管由无线公网运营商负责建设及运维。

## 四、通信网络配置要求

**（一）骨干层配置要求**

(1) 配电网通信骨干层利用现有骨干通信传输网资源，适当扩充业务板卡，将配用电信息在变电站汇聚后通过 SDH 通信网络实时传送至地市公司配用电主站，拓扑结构优先采用 MSTP 共享环，环网结构应与 SDH 网络一致，分为接入层和汇聚层，带宽应保证 4Mbit/站带宽需求，通常在骨干网接入层按 155M 带宽共享环配置，在骨干网汇聚层按 622M 带宽共享环配置。终端通信接入网与骨干网互联接口按 FE 配置。

(2) 对于配电网通信已配置 OLT 的变电站，应不再配置以太网交换机，对于未配置 OLT 或以太网交换机的汇聚层支环变电站，且该站点已汇聚接入层通信接入网业务时，应配置三层网络交换机。交换机可考虑按双电源、双板卡端口冗余配置。

(3) 对于有建设配电网通信需要的 35kV 及以上电压等级变电站，应有配电网通信设备安装位置，新建变电站，二次设备室需要至少预留两面专用终端通信网通信设备屏位（其中一面设备柜，一面光配柜）与通信设备集中布置。

（4）配电网通信变电站侧通信节点故障，引起系统区片中断，属于"危急缺陷"，因此变电站侧终端通信接入网设备应支持双回路电源供电方式，供电电源宜按双重化配置，以提高站用通信电源的可靠性，确保通信设备稳定运行。

（5）配电网通信主站宜在市公司集中部署，应配置三层核心交换机。

**（二）接入层配置要求**

（1）按"保障性、可靠性、整体性、统一性、先进性、经济性、实用性、差异性"原则开展配电网通信接入层规划。

（2）配电网通信接入层组网要求扁平化，终端设备宜选用一体化、小型化、低功耗设备。

（3）EPON网络拓扑结构应根据配电网架结构、配电变压器分布情况、网络安全性、可靠性、经济性和可维护性等多种因素综合考虑，选用链形、星形等接入形式灵活组网。采用星形组网方式时分光级数应满足光功率计算要求，一般不宜超过三级；采用链形组网方式时分光级数应满足光功率计算要求，一般不宜超过八级。

（4）变电站侧设备包括OLT设备、三层以太网交换机、主载波机、无线基站等，应至少提供以太网接口（GE接口、FE接口）、网络管理接口等，变电站侧接入骨干通信网时，网络接口应选择与之相适应的、成熟的技术体制和标准接口。一般采用FE接口互联。

（5）配电终端侧设备包括ONU设备、工业以太网交换机、从载波机、无线专网终端和无线公网通信终端等，依据具体的业务选择合适的接口，应至少提供FE以太网接口、RS232/RS485串口等。ODN、光配及ONU宜部署在同一机柜（箱）内，ODN设备宜内置在ONU设备内，ODN厂家宜与ONU厂家一致。若光配与ONU需分离部署时，ODN宜随光配部署。

（6）通信远端设备宜与配电终端统一安置在同一机箱（柜）内，但应保持相对独立。配电终端侧通信设备电源应与配电终端电源一体化配置。

（7）配电通信光缆的芯数应满足设计要求并作适当预留，原则上不少于24芯。光缆路由的设计应当满足配电自动化规划布局的要求，兼顾其他业务的扩展应用，对于沟道和隧道敷设的光缆应充分考虑防水、防火措施。架空线路优先采用在线路下方加挂ADSS光缆，地下电缆可沿沟（管、隧）道铺设阻燃型管道光缆，直埋电缆可在电缆旁以符合电气安全和地理工艺要求的方式同时铺设光缆。

（8）配电网通信所采用的光缆应与配电网一次网架同步规划、同步建设，应预留相应位置和管道，满足配电自动化中、长期建设和业务发展需求。

（9）工业以太网组网宜采用环形拓扑结构，同一环内节点数目不宜超过20个。

（10）中压电力线载波组网采用一主多从组网方式，一台主载波机可带多台从载波机，组成一个逻辑网络。主载波机宜安装在变电站或开关站，从载波机宜安装在10kV配电室或配电设施附近。配电自动化和用电信息采集要通过不同的主载波机传送信号。

（11）中压电力线载波的通道设计，对于架空线路，耦合方式宜采用电容耦合方式时，传输距离宜小10km；对于地埋电力电缆线路，可利用电力电缆的屏蔽层传输数据信息，耦合方式有注入式电感耦合和卡接式电感耦合两种方式时，传输距离宜小于6km。

（12）无线专网，优先选取TD-LTE技术体制，采用地市公司统一汇聚方式承载接入业务,应委托第三方测试机构开展测试并编制测试分析报告。

(13) 无线公网应选用专线 APN 或 VPN 访问控制、认证加密等安全措施。

(14) "三遥"节点接入路径上有"二遥""一遥"节点,在投资不大幅度增加情况下可考虑"二遥""一遥"节点采用光纤接入或无线专网方式。

**(三) 网络安全**

(1) 网络安全应严格遵循"安全分区、网络专用、横向隔离、纵向认证"的原则,符合《国家电网公司电力二次系统安全防护管理规定》(国网(调/4)337—2014)的相关要求,生产控制大区(Ⅰ、Ⅱ区)和管理信息大区业务(Ⅲ、Ⅳ区)应实现物理隔离,做到合理保护,合理冗余。

(2) 光通信系统采用同一光缆的不同纤芯、SDH 中采用不同虚通道、电力线载波系统采用同一条电力线路中的不同载波频段均可视为物理隔离。

(3) 同一台 EPON/工业以太网设备的不同端口/板卡、同一台 EPON 设备 PON 接口的上行/下行波长、以太网划分 VLAN 均视为非物理隔离。

(4) 根据部分业务安全特殊需求,光纤专网与无线专网需通过安全加密终端、安全接入区/安全接入平台实现业务终端与业务系统的连接。

(5) 无线公网通信终端经由运营商网络专用 VPN/VPDN 隧道至公司网络边界,通过安全接入平台与管理信息大区互联。

(6) 在专网和公网混合组网的场合,可以建立统一的安全接入平台整合两个网。

## 第五节 配电网通信运维管理

### 一、运维管理职责分工

(1) 配电自动化设备运维检修管理原则上按设备管辖关系进行管理,配电自动化专业与通信专业运维与检修工作界面为主站通信机房光纤配线架或通信设备出口;配电运检专业与通信专业的检修工作界面为配电终端箱内光纤配线单元。

(2) 配电运检单位负责编制配电终端及其相关设备的现场运维与检修管理制度,负责配电终端及其相关设备的运维与检修管理工作;负责所辖范围内配电通信网终端设备(ONU、工业以太网交换机、电力线载波、无线终端设备等)的日常巡视、运维和故障消缺工作;负责所辖范围内配电通信网通道(含通信光缆)的日常巡视,配合通信专业完成其所辖范围内配电通信光缆的检修和消缺工作;负责编制配电终端的检修计划,并按批复实施;结合一次设备停电,开展停电范围内通信终端及二次接线的检查工作;负责对配电终端及其相关设备运维和检修情况进行统计分析,提出相应改进措施和建议。

(3) 通信运维单位负责所辖范围内配电通信网主站端设备的运行与检修工作,负责所辖范围内配电通信网通信光缆、变电站端设备(OLT、工业以太网交换机、电力线载波设备等)的检修工作;负责配合无线公网运营商开展通信通道运维工作,监督评价无线公网运营商提供的通信通道质量;负责配合配电运检单位完成其所辖范围内配电通信网终端设备(ONU,工业以太网交换机、电力线载波设备、无线终端设备等)的检修和消缺工作;负责组织配电通信网设备生产技改大修项目可研审查工作,并按可研批复组织实施；负责对配电通信网运维和检修情况进行统计分析，提出相应改进措施和建议。

## 二、巡视及监控管理

配电网通信运维与检修人员应定期进行巡视、检查、记录；发现异常应及时处理，做好记录并按有关规定上报。

（1）配电网通信设备巡视可以网管状态监视为主，现场巡视作为辅助手段，通信网管系统应设专人监控，发现通信设备故障时应及时通知主站及终端运行维护部门。

（2）配电网通信设备现场巡视周期应至少为每半年一次，巡视工作可结合一次设备（终端设备）综合检修、状态检修和设备巡视检查工作同步进行。

（3）遇有下列情况，通信系统终端设备应加强巡视，每月至少一次：新设备投运；设备有严重缺陷；遇特殊恶劣气候；重要时段及重要保电任务。

（4）配电网通信设备网管巡视通信专业负责，周期为1个月，巡视内容包括：端口CRC校验；收/发包状态；端口ping包数据统计；设备CPU利用率；设备端口流量统计等。

（5）配电网通信系统终端设备的定期巡视由配电运行部门结合一次设备巡视同步进行，以掌握通信系统终端设备的运行状况为目的，定期巡视内容包括：终端箱有无锈蚀、损坏，标识、标牌是否齐全，终端箱门是否变形等异常现象；光缆进出孔封堵是否完好；接线有无松动；配电终端运行指示灯有无异常；设备的接地是否牢固可靠等。

（6）各类维护操作如影响到系统正常使用，应提前向通信专业提出申请，获得准许并办理手续后方可进行。

## 三、缺陷管理

### （一）缺陷分级

配电自动化通信系统缺陷应按照影响大小分为危急缺陷、严重缺陷、一般缺陷三个等级。

（1）危急缺陷是指威胁人身或设备安全，严重影响设备运行、使用寿命及可能造成自动化系统失效，危及电力系统安全、稳定和经济运行的缺陷。

此类缺陷必须在24h内消除。主要包括：

① 配电通信系统主站侧设备故障，引起大面积站点通信中断。

② 配电通信系统变电站侧通信节点故障，引起系统区片五台及以上配电自动化终端中断。

（2）严重缺陷是指对设备功能、使用寿命及系统正常运行有一定影响或可能发展成为危急缺陷，但允许其带缺陷继续运行或动态跟踪一段时间的缺陷。

此类缺陷时必须在72h内消除或降低缺陷等级。主要包括以下内容：

① 配电网通信系统终端侧通信节点故障，引起单点终端通信中断或通道频繁投退（每天投退10次以上或单台终端在线率低于80%）。

② 配电网通信设备核心板卡故障或引起通信系统自愈保护功能失效的故障。

（3）一般缺陷是指对人身和设备无威胁，对设备功能及系统稳定运行没有立即、明显的影响且不至于发展为严重缺陷的缺陷。

此类缺陷应列入检修计划尽快处理。主要包括以下两项：

① 单台配电自动化终端设备通信通道存在投退现象（每天投退小于 10 次）。

② 其他一般缺陷。

**（二）缺陷处理**

(1) 当发生的缺陷威胁到其他系统或一次设备正常运行时，运维单位应及时采取有效的安全技术措施进行隔离，缺陷消除前，加强监视，防止缺陷升级。发生紧急或重大缺陷时，须立即上报属地公司相关职能管理部门协调解决。

(2) 各运维单位应根据设备的实际运行状况和缺陷分类及处理响应要求，结合状态检修等相关规定，制定应急预案和处理流程，对配电通信设备的检修工作进行组织和管理，合理安排、制定检修计划和检修方式，并适时进行应急演练，提高应对设备故障的处置能力。

(3) 各运维单位应结合缺陷处理情况，定期检查备品备件库存，以保证消缺的需求。备品由各运维单位保管，所有备品应登记在册。按产品说明中有关温度、湿度等存放环境等方面的要求妥善保管。

(4) 各运维单位应定期组织召开通信缺陷分析专题会议，对典型缺陷的发生、处理以及存在的问题进行综合分析，对频繁发生的缺陷进行专题分析并编制分析报告。

(5) 各运维单位应设专人对运行资料进行管理，保证相关资料齐全、准确；建立技术资料目录及借阅制度，相关设备因维修、改造等发生变动，运维单位应及时更新资料并归档保存。

**（三）典型故障缺陷类型及处理**

**1. 光缆通道故障**

配电网光缆中断是配网自动化运维中经常出现的故障，当故障发生时，首先通过对告警、性能事件、业务流向的分析，初步判断故障点范围；然后，通过逐段测试，排除外部故障或将故障定位到单个自动化终端；最后根据具体问题，排除故障。故障定位关键是将故障点准确地定位到单站，日常应做好配电网光缆定期巡检，发现缺陷及时处理；不断完善线路图纸资料，如线路长度、接头点位置、线路通道交叉跨越等关键信息确保图实相符。

典型故障：如图 4-26 所示，配电自动化某段光缆故障，其他设备正常，会造成断点远离 OLT 设备方向的站点（ONU3）所传业务中断，断点至 OLT 设备之间的站点（ONU2、ONU1）所传业务不受影响。

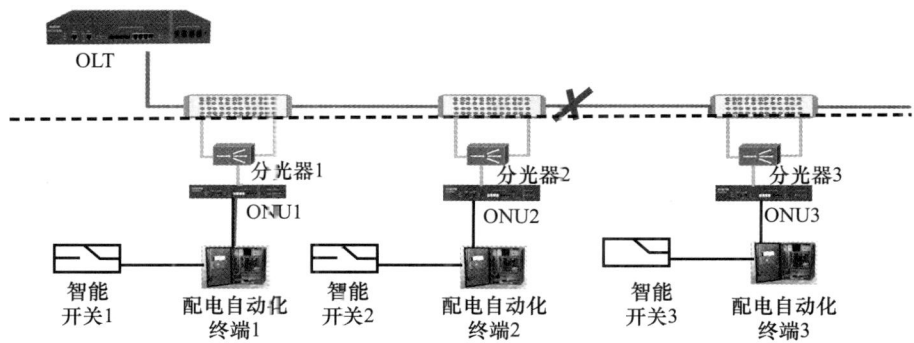

图 4-26 EPON 光通信系统光缆中断故障示意图

2. EPON 终端设备故障

（1）端口下单个或多个 ONU 无法注册

ONU 注册是指在 ONU 上电后，在 OLT 上能够发现 ONU，同时建立与 ONU 的通信连接，在 OLT 上能够对 ONU 下发各种配置，并且配置后 ONU 状态为正常。

常见的 ONU 无法注册故障包括以下三种情况：

1）PON 端口下单个或多个 ONU 无法注册。
2）PON 端口下所有 ONU 都无法注册。
3）单板下所有 ONU 都无法注册。

原因主要有以下几个：

1）ONU 未添加。
2）ONU 状态不正常。
3）PON 端口下存在 ONU MAC 地址冲突。
4）PON 端口下存在流氓 ONU 或长发光设备。
5）光路有问题（光衰减过大或过小、分光比错误等）。
6）最大最小距离设置不合理。

一般处理步骤如下：

1）检查 ONU 是否已经添加。
2）查看 ONU 状态是否正常，通过 display onu int olt 命令查看当前接口下的 ONU 状态，up 为上线，offline 为不在线。
3）使用 display onu int olt 命令查看 OLT 上已经注册的所有 ONU 的 MAC 地址，与无法注册的 ONU 的 MAC 地址进行比对，更换存在冲突的 ONU 后重新注册。
4）检查端口下是否存在流氓 ONU 或者长发光设备。
① 端口下存在流氓 ONU，会导致其他 ONU 无法注册。
② 端口下存在长发光设备，长发光设备对 PON 系统的影响与流氓 ONU 类似。
5）实际查看无法注册的 ONU 与 OLT 之间的距离，必要时更换 ONU。
6）检查光纤线路，可以使用 OTDR 测量线路状况，确认线路正常，同时检查分光器的连接是否正常，使用光功率计测量 ONU 收发光功率。

（2）ONU 频繁掉线

ONU 频繁掉线是指在 ONU 在 OLT 上成功完成注册后，一段时间内频繁的上下线。常见的 ONU 频繁掉线故障包括以下两种情况。

1）PON 端口下单个 ONU 频繁掉线。原因主要有：ONU 未添加；ONU 状态不正常；PON 端口下存在 ONU MAC 地址冲突；PON 端口下存在流氓 ONU 或长发光设备；光路有问题（光衰减过大或过小、分光比错误等）；最大最小距离设置不合理。

一般处理步骤：在 OLT 上使用命令查看 ONU 是否上报了 ONU 掉电告警；如果上报了告警，在现场使用万用表测量测试电压，确保供电稳定且正常。如果未上报告警，则重启 ONU。

更换其他 ONU 进行测试，更换后恢复正常，说明此 ONU 故障，更换此 ONU。

检查光纤是否插好、光纤是否严重弯曲、光纤是否有断纤，检查分光器的连接是否正常，目前版本 EPON 最多支持 1∶32 分光，即一个端口下最多可以接 32 个 ONU。

使用光功率计测量ONU收发光功率。检查平均发送光功率是否正常、接收光灵敏度是否正常。

2）PON端口下所有ONU都频繁掉线。

端口下单个ONU频繁掉线故障的可能为：ONU电压不稳定；光纤线路故障或连接不规范；光路衰减过大或过小；ONU故障。

端口下所有ONU都频繁掉线故障的可能原因为：端口光模块故障；主干光纤故障；PON端口下存在流氓ONU或长发光设备。

一般处理步骤：使用光功率计测量EPON端口光模块发送光功率，光功率处于最大最小值的临界点时，PON端口下的ONU不稳定，容易频繁发生掉线。检查光纤线路，可以使用光功率计或OTDR测量线路状况，确认线路正常。

检查端口下是否存在流氓ONU或者长发光设备，端口下存在流氓ONU，会导致其他ONU无法注册，端口下存在长发光设备，长发光设备对PON系统的影响与流氓ONU类似。

日常处理OTN故障，重点关注以下几点。

（1）对于ONU无法注册的问题，首先要测光功率，对于一个PON下大量的ONU故障，则可能怀疑流氓ONU的存在，通过在分光器主干光纤测光功率判断。

（2）对于ONU频繁掉线的问题，如果是单个ONU，首先要测量该ONU的电压和光功率，判断是ONU故障还是线路原因。对于所有端口下所有ONU都频繁掉线的问题，则考虑是主干光纤故障或者有流氓ONU存在。

典型故障1：如图4-27所示，某FTU站点ONU故障，其他设备正常，会造成本站点配电自动化业务中断，其他站点不受影响。

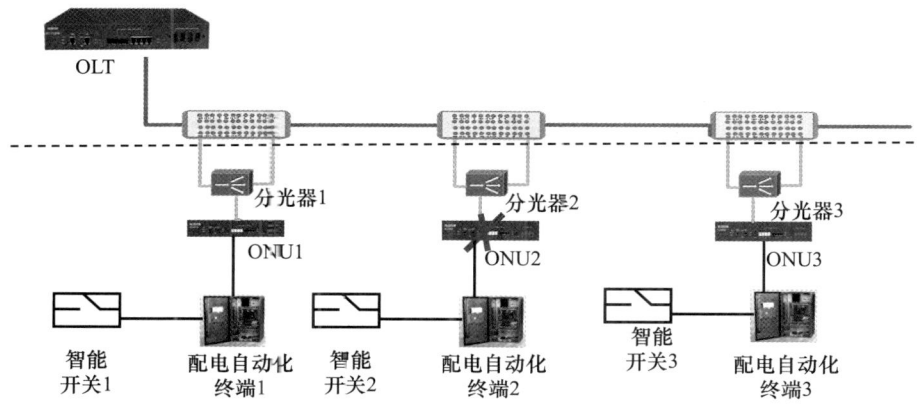

图4-27　EPON光通信系统ONU故障示意图

典型故障2：EPON光通信系统ONU故障示意图如图4-28所示，FTU站点分光器故障，其他设备正常，会造成本站点及远离OLT设备的站点（ONU2、ONU3）所传业务中断，该站至OLT设备之间的站点（ONU1）所传业务不受影响。

典型故障3：FTU站点ONU设备与自动化终端设备之间的网线故障、自动化终端故障或IP地址配置不正确，会造成主站至配电站点ONU设备之间通信正常，本站点配电自动化业务中断，如图4-29所示。

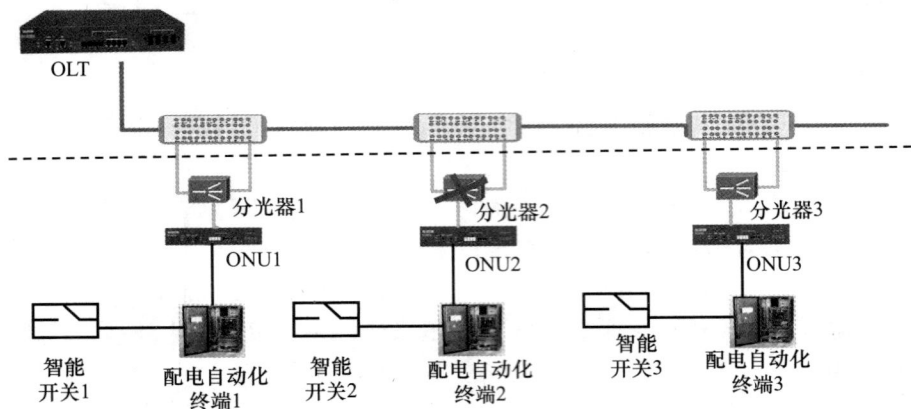

图 4-28　EPON 光通信系统分光器故障示意图

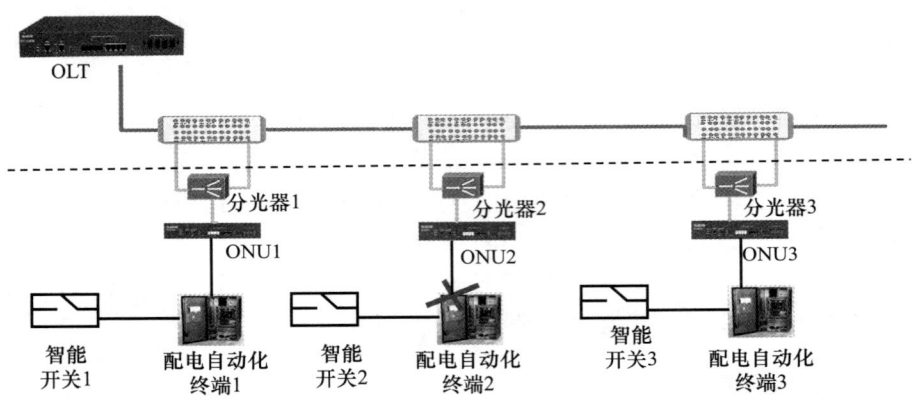

图 4-29　EPON 光通信系统配电自动化终端故障或网线故障示意图

典型故障 4：安装在 FTU 站点的配电通信系统 ONU 终端设备失电故障，会造成 ONU 及配电自动化终端设备无法访问，本站点配电自动化业务中断，其他站点不受影响，如图 4-30 所示。

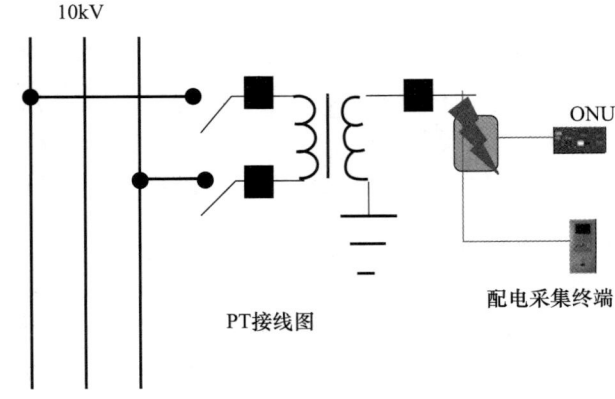

图 4-30　FTU 站点电源系统图

3. 无线公网常见故障

(1) VPN通道故障

典型故障1：如图4-31所示，自动化终端至无线通信模块之间的网线故障，会造成主站至配电站无线通信模块之间通信正常，本站点配电自动化业务中断。

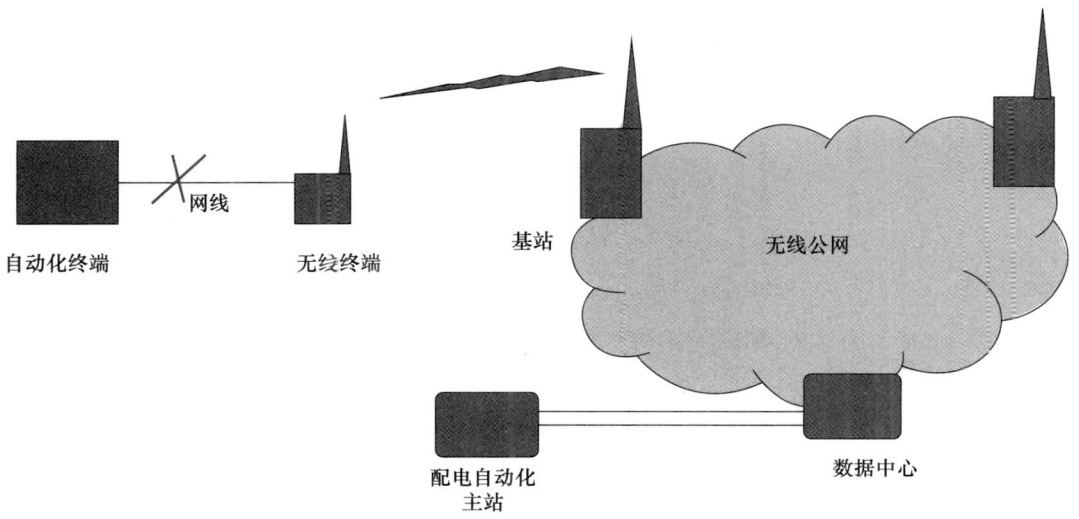

图4-31 无线公网站点网线故障示意图

典型故障2：如图4-32所示，自动化主站至电信运营商数据中心之间VPN通道故障，会造成采用本无线公网组网的所有站点业务中断，造成群路中断的危急故障。

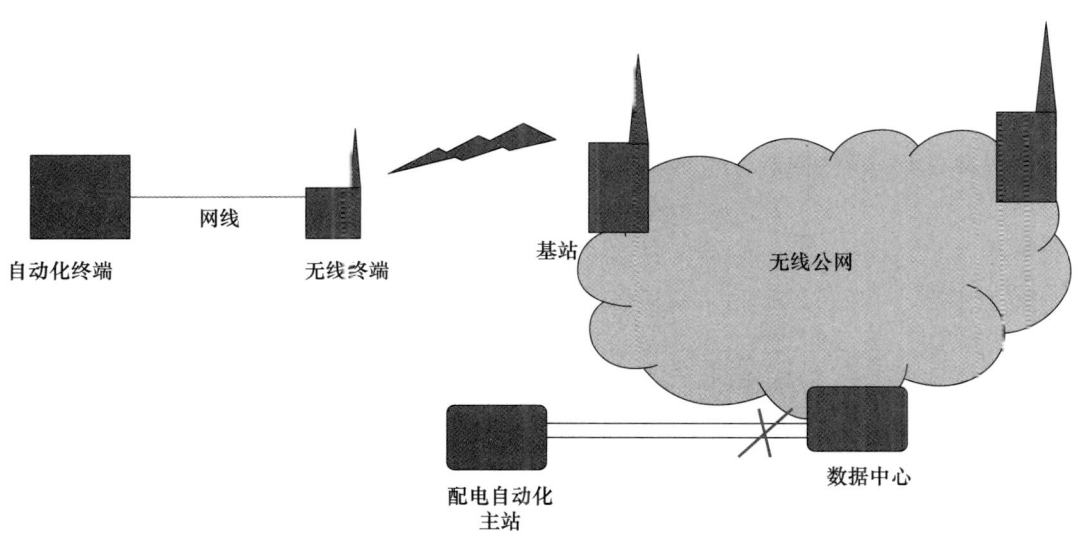

图4-32 配电自动化主站至无线公网数据中心的VPN通道故障示意图

(2) 无线终端设备故障

典型故障：如图4-33所示，无线公网站点无线终端设备故障，会造成主站至配电站无线通信模块之间通信中断，本站点配电自动化业务中断。

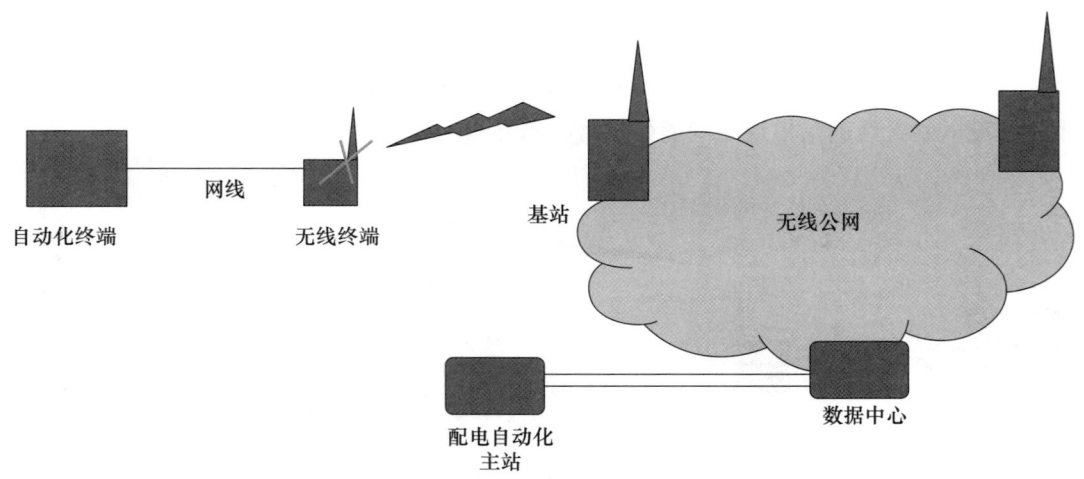

图 4-33 无线公网无线通信模块故障示意图

## 四、各专业运维界面划分

对于不同安全分区业务，按光纤专网、无线专网、无线公网承载模式，配电网通信网络模型可分为六种，其运维职责划分如下。

1. 光纤专网承载Ⅰ、Ⅱ区业务运维职责划分

光纤专网承载Ⅰ、Ⅱ区业务运维职责划分图如图 4-34 所示。

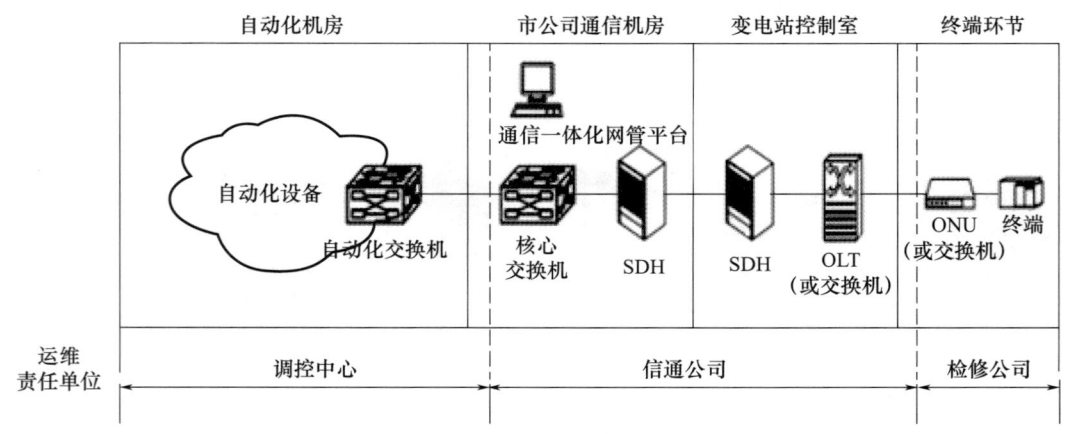

图 4-34 光纤专网承载Ⅰ、Ⅱ区业务运维职责划分图

调控专业：负责自动化主站机房相关设备运维管理。

通信专业：负责通信主站机房网管、交换机、SDH 设备等，变电站内 SDH 设备、OLT 设备及相应附属设施的运维管理；负责变电站至终端设施间通信光缆的运维管理。

运检专业：负责终端设施（如环网柜、柱上开关等）内相关设备的运维管理（含 ONU、交换机、分光器、尾纤、配网终端等）。

2. 无线专网承载Ⅰ、Ⅱ区业务运维职责划分

无线专网承载Ⅰ、Ⅱ区业务运维职责划分图如图 4-35 所示。

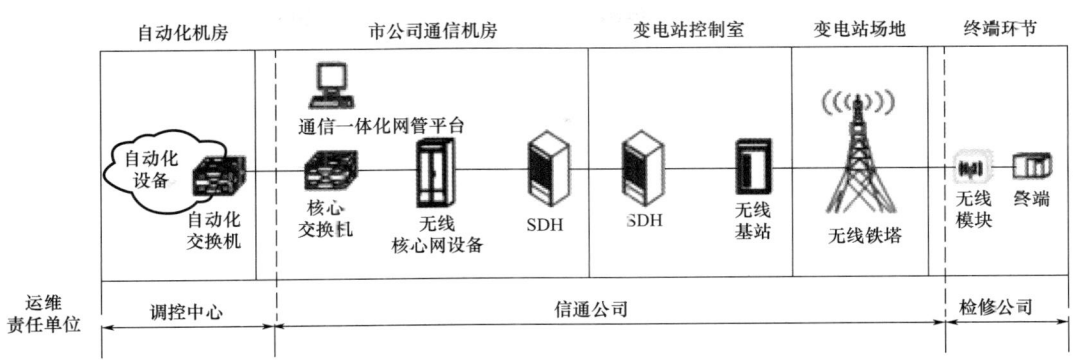

图 4-35　无线专网承载Ⅰ、Ⅱ区业务运维职责划分图

调控专业：负责自动化主站机房相关设备运维管理。

通信专业：负责通信主站机房网管、交换机、SDH 设备等，变电站内 SDH 设备、基站设备及相应附属设施的运维管理；负责变电站至终端设施间通信光缆的运维管理。

运检专业：负责终端设施（如环网柜、柱上开关等）内相关设备的运维管理（含无线模块、配网终端等）。

3. 无线公网承载Ⅰ、Ⅱ区业务运维职责划分

无线公网承载Ⅰ、Ⅱ区业务运维职责划分图如图 4-36 所示。

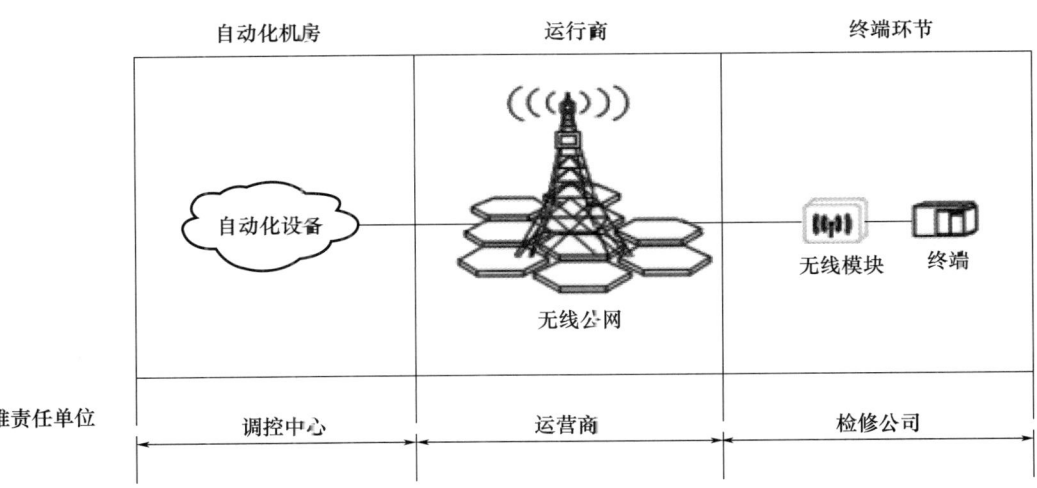

图 4-36　无线公网承载Ⅰ、Ⅱ区业务运维职责划分图

调控专业：负责自动化主站机房相关设备运维管理。

运营商：负责无线公网设备及相应附属设施的运维管理；负责为相关业务部门提供网络通道服务。

运检专业：负责终端设施（如环网柜、柱上开关等）内相关设备的运维管理（含无线模块、配网终端等）。

## 第六节　练习题

### 一、单选题

1. 配电终端电源输入和输出应实现（　）隔离。
   A. 电气　　　　　B. 化学　　　　　C. 物理　　　　　D. 通信
   答案：A

2. 配电 SCADA 数据记录不包括（　）。
   A. 计算统计　　　　　　　　　　B. 非实时数据周期采样
   C. 实时数据周期采样　　　　　　D. 自定义的数据点变化存储
   答案：A

3. ONU 应至少满足（　）个 RS232/485 串行接口的接入要求。
   A. 4　　　　　　B. 2　　　　　　C. 1　　　　　　D. 3
   答案：B

4. 配电网通信采用工业以太网方式组网时，同一环内节点数目不宜超过（　）个。
   A. 40　　　　　B. 20　　　　　C. 10　　　　　D. 30
   答案：B

5. 无线公网通信所承载业务必须满足安全分区要求，通常采用（　）专线方式接入。
   A. PTN　　　　B. APN　　　　C. SDH　　　　D. PON
   答案：B

6. （　）不是无线专网的技术特点。
   A. 部署不灵活　　B. 灵活性高　　C. 扩展能力强　　D. 频谱资源紧张
   答案：A

7. 配电自动化通信系统发生危急缺陷时，应该在（　）h 内消除。
   A. 48　　　　　B. 24　　　　　C. 12　　　　　D. 36
   答案：B

8. 蓄电池是作为 FTU 所有供电电源的后备电源，蓄电池在 FTU 中是不可缺少的。蓄电池的电压可选 DC 24V 或 DC 48V，从安装维护和人身安全方面考虑，（　）更合适些。
   A. DC12V　　　B. DC36V　　　C. DC48V　　　D. DC24V
   答案：D

9. 智能配变终端电压监测统计功能以（　）min 作为一个统计单元，取（　）min 内电压预处理值的平均值。
   A. 15，15　　　B. 5，5　　　　C. 1，1　　　　D. 10，10
   答案：C

## 二、多选题

1. 配电自动化终端要具有完备的（　　）能力。
   A. 相量测量　　　　B. 自诊断　　　　C. 保护　　　　D. 自恢复
   答案：BD

2. 骨干通信网涵盖 35kV 及以上电网厂站及公司系统各类生产办公场所，由（　　）构成。
   A. 配电骨干通信网　　　　　　　　B. 省级骨干通信网（缩写 SW）
   C. 省际骨干通信网（缩写 GW）　　　D. 地市骨干通信网（缩写 DW）
   答案：BCD

3. 关于超高可靠与低延迟的通信（URLLC）场景，描述正确的是（　　）。
   A. 适用于 3D/超高清视频等大流量移动宽带业务
   B. 可以在智慧工厂领域得到应用
   C. 适用于如无人驾驶
   D. 适用于大规模物联网业务
   答案：BC

4. "三遥"馈线终端的必备功能包括（　　）。
   A. 远方控制　　　　　　　　　　B. 控制开关分合闸
   C. 就地采集模拟量和状态量　　　 D. 数据远传
   答案：ABCD

5. 配电自动化系统信息交互对象包括（　　）等。
   A. 营销业务系统　　B. PMS 系统　　C. 调度自动化系统　　D. 电网 GIS 平台
   答案：ABCD

6. 严重缺陷是指对（　　）有一定影响或可能发展成为危急缺陷，但允许其带缺陷继续运行或动态跟踪一段时间的缺陷。
   A. 系统正常运行　　B. 使用寿命　　C. 设备功能　　D. 网管电脑
   答案：ABC

7. 配电自动化设备的"二遥"功能是指（　　）。
   A. 遥调　　　　　B. 遥信　　　　　C. 遥测　　　　　D. 遥控
   答案：BC

8. 支撑网是指支撑传输、业务正常运行的支撑网络，包括（　　）等。
   A. 动力环境　　　B. 网管系统　　　C. 同步时钟　　　D. 应急通信
   答案：ABCD

9. 在配电网中实现馈线自动化具有（　　）等优点。
   A. 减少电网运行与检修费用　　　　B. 提高供电可靠性和供电质量
   C. 减少停电时间　　　　　　　　　D. 节省线路上的投资
   答案：ABCD

10. EPON 网络拓扑形式主要（　　）、手拉手形等。
    A. 总线形　　　　B. 链形　　　　C. 星形　　　　D. 环形
    答案：ABCD

# 第五章 配电网新业态

> **概 述**
>
> 本章主要介绍分布式电源、储能、微电网等内容，包括七个培训模块。Ⅰ级人员应重点掌握分布式电源、储能；Ⅱ级人员应重点掌握微电网、增量配电网；Ⅲ级人员应重点掌握直流配电网、柔性负荷。

## 第一节 分布式电源

分布式电源是指接入 35kV 及以下电网，在用户所在场地或附近建设安装、运行方式以用户侧自发自用为主、多余电量上网，且在配电网系统平衡调节为特征的发电设施或有电力输出的能量综合梯级利用多联供设施。分布式电源主要包括太阳能、天然气、生物质能、风能、地热能、海洋能、小水电、资源综合利用发电（含煤矿瓦斯发电）等。

分布式电源一般以较低电压等级就近接入用户内部电网或公共配电网，与传统的大容量电源、直接并入高电压等级电网不同，分布式电源形式多种多样，既有通过变流器并网的，也有同步电机、异步电机并网的，各种类型电源都有自身的运行特性；且分布式电源靠近用户侧，这将改变传统的电力系统辐射状的供电结构，对电网的安全稳定运行将产生一定的影响。

## 第二节 储 能

从广义上来讲，储能即能量存储，通过某种介质或装置将一种形式的能量转换为另一种形式的能量并存储起来，在需要时以特定能量形式释放出来。从狭义上讲，是指利用化学、物理或者其他方法将电能存储起来并在需要时释放的一系列技术和措施。

## 第三节 微电网

### 一、微电网概述

目前，国际上还没有任何一个组织或机构关于微电网的定义得到完全的认可。美国电气可靠性技术协会对微电网做了如下描述：微电网的运行和控制应用了多分布式电源种电力电子技术；微电网把分布式电源、负荷等整合在一起，既能供应电力，也能保证热力供应；微电网是一个可独自运行、受统一控制的模块，能够实现网络可靠分布式电源性的改善以及多样化供电需求的满足。

美国能源部的定义是：微电网把分布式电源、负荷等整合成一个模块，既能够接入电网，也能够与电网断开单独运行。

美国 Lasseter 分布式电源项目提出了另一个微电网的概念：微电网把分布式电源、负荷以及分布式电源控制设备等整合成一个可独自运行、受统一控制的模块，既能供应电力，也能保证热力供应。Lasseter 教授重点从以下两个视角来说明微电网：相对于电力系统微电网是受统一控制的模块。相对于用户，微电网的优势在于实现了不同用户对电力多样化的要求，提高了供电的安全性，综合利用了多种分布式电源能源形式。

欧洲研究区域网络计划认为微电网是一种低压网络，内部有负荷、分布式电源等，可接入电力系统受统一控制，也可独自运行。

欧盟微电网项目对微电网做了如下描述：其内部分布式电源从可控性上主要分为三种，包括完全可控、不完全可控和完全不可控；可以消耗一次能源；应用了多分布式电源种电力电子技术；需要含有储能设备。

中国对微电网也有自己的解释。在国家标准《微电网接入电力系统技术规定》（GB/T 33589—2017）中对微电网的定义如下：由分布式发电、用电负荷、监控、保护和自动化装置等组成（必要时含储能装置），是一个能够基本实现内部电力电量平衡的小型供用电系统。微电网分为并网型微电网和独立型微电网。

微电网结构示意图如图 5-1 所示。

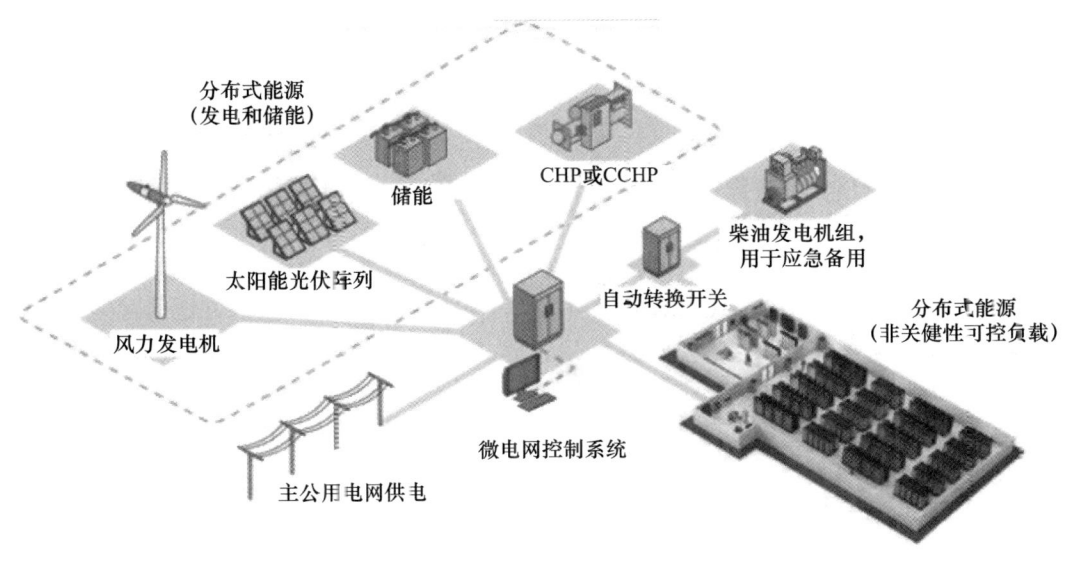

图 5-1 微电网结构示意图

通过微电网的定义以及各国的研究成果可知，微电网有如下特点：

（1）微电网是接有分布式电源的配电子系统，可在故障情况下离网运行，保证重要负荷的持续供电。

（2）微电网采用了大量先进的现代电力技术，可增强用户的电力安全、减少污染气体的排放、实现多样化的用电要求、更好地发挥分布式电源的作用。

（3）站在整个电网的层面考虑，微电网可以看作负荷或小型电源。

（4）通常采用多种分布式电源，并根据实际地理条件和相关政策选择分布式电源类型、容量和安装位置。

微电网应具备以下四个基本特征：

（1）微型：微电网电压等级一般在 10kV 以下；系统规模一般在兆瓦级及以下；与终端用户相连，电能就地利用。

（2）清洁：微电网内部分布式电源以清洁能源为主，或是以能源综合利用为目标的发电形式。天然气多联供系统综合利用率一般应在 70% 以上。

（3）自治：微电网内部电力电量能实现基本自平衡，与外部电网的电量交换一般不超过总电量的 20%。

（4）友好：微电网对大电网有支撑作用，可以为用户提供优质可靠的电力，能实现并网/离网模式的平滑切换。

综合考虑目前我国的资源分布特性、配电网网架结构与覆盖范围、特定用户的供电服务需求等因素，一般认为微电网主要适用于以下三种情况。

（1）满足高渗透率分布式可再生能源的接入和消纳

微电网技术的基本目的就是解决分布式可再生能源的大规模接入的问题。分布式电源的接入改变了配电网原先单一、辐射状的网络结构，其大规模应用将对电网规划、控制保护、供电安全、电能质量、调度管理等方面带来诸多影响。微电网将多个分散、不可控的分布式发电和负荷组成一个可控的单一整体，大大降低了分布式发电大规模接入对大电网的冲击。

目前，我国分布式发电在电力系统电源中的比例还很小，对电网的影响甚微，直接接入配电网现阶段仍然是分布式开发可再生能源最经济的发展方式。当局部地区的分布式发电规模较大，已经对配电网运行控制造成较大影响时，则可以考虑采用微电网等先进技术手段，消除高渗透率分布式可再生能源接入带来的负面影响。

（2）与大电网联系薄弱，供电能力不足的偏远地区

我国幅员辽阔，对于经济欠发达的农牧地区、偏远山区以及海岛等地区，与大电网联系薄弱，大电网供电投资规模大、供电能力不足且可靠性较低，部分地区甚至大电网难以覆盖，要形成一定规模的、强大的集中式供配电网需要巨额的投资，且因电量较小，整体很不经济。而在这些地区，因地制宜发展小风力发电、太阳能发电、小水电等分布式可再生能源，应用微电网技术则可弥补大电网集中式供电的局限性，解决这些地区的缺电和无电问题。

（3）对电能质量和供电可靠性有特殊要求的电力用户

配电网中的关键用户或敏感用户如工厂、医院、军事基地等，对电能质量和供电可靠性的要求较高，不仅要提供满足其特定设备要求的电能质量，还要能够避免暂时性的停电，满足对重要负荷的不间断供电需求。

一方面，微电网能够满足特定用户的电能质量需求。随着当前用电设备数字化程度的提高，其对电能质量也越来越敏感，电能质量问题可以导致终端系统的故障甚至瘫痪，给社会经济发展带来重大损失。另一方面，微电网能够实时监测主电网的运行状

态，在主电网故障时迅速从公共连接点解列平滑切换到离网运行状态，从而保证内部重要负荷的供电不受影响。

因此，微电网在满足特定用户对电能质量和供电可靠性要求方面具备一定的适用性。

### 二、微电网典型特征

微电网的典型特征主要包括微电网的运行模式特征、容量与电压等级特征、结构模式特征以及控制模式特征。

#### （一）微电网运行模式特征

微电网主要有离网运行和并网运行两种运行模式。

离网运行是指微电网断开与配电网的连接，独立运行，自成系统完成发电、配电，进行自我控制和管理。在离网运行时，微电网内部的分布式电源和储能设备协作配合保证微电网区域的供电可靠性。根据微电网与外部电网之间的关系，离网运行模式可以进一步划分为以下两种：

1. 完全不与外部电网连接

这类微电网主要建设在海岛、偏远山区沙漠等常规配电系统接入比较困难的地区。在这类地区中，一般具有丰富的可再生能源，且部分地区的人口较少，对于电能的需求相对较低，光伏、风力等发电技术以及蓄电技术可一定程度保证供电需求。

2. 不完全隔离外部电网

这类微电网往往是由于外部配电网发生严重的故障或电能质量下降，微电网自行解列以减缓故障或电能质量差的影响对于自身的冲击。此时，微电网内部的储能设备会保证网内电压频率的稳定，协同其他分布式电源优先保证本地重要负荷的正常供电，对于一些非敏感负荷，若无法保证供电可以进行适当的切除，维持系统内部的稳定。

并网运行是指微电网接入配电网，微电网中的负荷可以从配电网或微电网电源获得电能。微电网接入配电网后，配电网不再是无源网络，潮流方向变为双向。可具体细分为以下三类：

（1）微电网中分布式电源和储能设备的输出功率能够平衡微电网中负荷需求，此时大电网无须向微电网输送功率，仅仅是提供电压和频率的支撑。

（2）微电网中的分布式能源和储能设备的输出功率无法平衡本地负荷功率需求，大电网会向微电网输送功率，这时微电网相当于一个负载。

（3）微电网在满足本地负荷需求之后，剩余的功率将会流入大电网，充当电源的作用。

微电网群具有多种运行方式并可灵活切换，与单个微电网相比，微电网群的运行方式更加灵活多样，实现各种状况下微电网之间的能量互济，最大可能地保障供电区域的负荷需求。

#### （二）微电网容量与电压等级特征

微电网的构造理念是将分布式电源靠近用户侧进行配置供电，输电距离相对较短。这在一定程度上决定了微电网的容量大小与微电网电压等级。因此，微电网系统的容量规模相对较小，而电压等级多为低压或者中压等级。从微电网容量规模和电压等级的角度可以将微电网划分为以下四类：

（1）低压等级且容量规模小于 2MW 的单设施级微电网，主要应用于小型工业或商业建筑大的居民楼或单幢建筑物等。

（2）低压等级且容量规模在 25MW 范围的多设施级微电网，应用范围一般包含多种建筑物多样负荷类型的网络如小型工商区和居民区等。

（3）中低压等级且容量规模在 510MW 范围的馈线级微电网一般由多个小型微电网组合而成，主要适用于公共设施政府机构等。

（4）中低压等级且容量规模在 510MW 范围的变电站级微电网一般包含变电站和一些馈线级和用户级的微电网适用于变电站供电的区域。

**（三）微电网结构模式特征**

微电网结构模式典型特征是指微电网的网络拓扑结构，具体包括微电网内部的电气接线网络结构、供电制式（直流/交流供电和三相/单相供电）、相应负荷和分布式电源所在微电网的节点位置等。常规微电网组网拓扑结构为：直流母线型拓扑、交流母线型拓扑、交直流混合型拓扑。

1. 直流母线拓扑

直流母线拓扑如图 5-2 所示，直流发电设备经稳压、交流发电设备经整流后汇流至直流母线，然后经逆变器统一逆变得到符合负荷对频率、相位要求的交流电。因统一逆变器无须各分布式电源跟踪电网电压的相位和频率，光伏类直流型微电源更易切入；直流电汇流后统一逆变，显著减少了多次逆变导致的电能损失；直流母线型拓扑易于控制，系统稳定性的衡量指标为有功功率和直流母线电压，无须考虑无功功率。但单逆变器的使用增大了逆变器故障导致系统瘫痪的风险，此外，目前直流母线型微电网缺少相关标准和制度，因此直流微电网还未得到大范围应用。

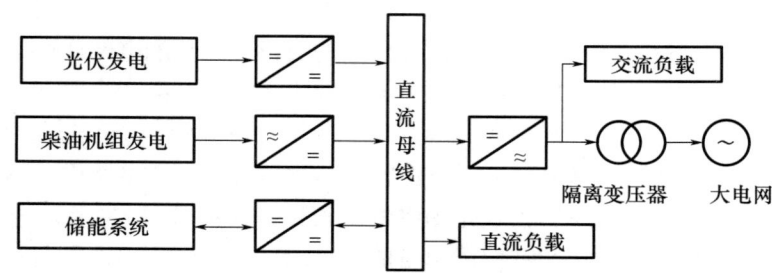

图 5-2 直流母线型拓扑

2. 交流母线拓扑

交流母线拓扑是目前研究的主要微电网拓扑类型，如图 5-3 所示，所有微电源经稳压、逆变后汇流至交流母线。与直流型母线拓扑相比较，该拓扑中每个微电源都能独立地、同时为负荷供电，避免了单个逆变器故障导致系统瘫痪的风险，提高了系统的稳定性。该拓扑为微电源带来更强的灵活性：负载较低时，可单独使用光伏发电，柴油机组发电和储能系统可处于待机状态，降低了柴储设备的运行时间与维护费用；负载较高或在用电高峰时段，光柴储可同时并行为负载供电，显著提高系统总体运行效率。但交流型拓扑要求各微电源输出电压与电网同步，与前者相比该拓扑需要更复杂的控制系统。

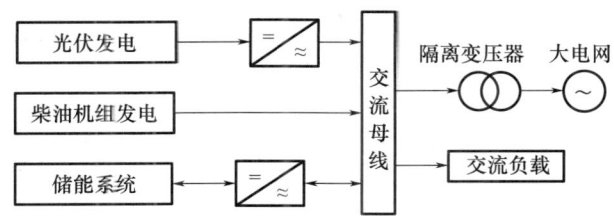

图 5-3　交流母线型拓扑

**3. 交直流混合拓扑**

交直流混合型拓扑如图 5-4 所示，光伏等直流微电源汇流于直流母线，柴油机组等交流微电源汇流于交流母线，分别可直接为直、交流负载提供部分电能，避免了微电源和负载切入交、直流微电网时所需的多次能量形式转换。通过控制 PCC1 和 PCC2 处静态开关的状态，交直流混合型支持如下四种运行方式：

（1）PCC1 连通、PCC2 连通时，直流系统、交流系统并行并网运行。
（2）PCC1 连通、PCC2 切断时，直流系统、交流系统并联离网运行。
（3）PCC1 切断、PCC2 切断时，直流系统、交流系统独立离网运行。
（4）PCC1 切断、PCC2 连通时，直流系统离网、交流系统并网运行。

该拓扑结构的灵活性和效率均高于前两者，柴油机组等交流发电设备和逆变器能够根据电量需求选择独立或并行运行。但灵活的运行方式要求更复杂的控制管理能力。并行运行方式要求逆变器具有自主性，且输出电压和柴油机组输出电压需保持同步。复杂的控制方式是制约交直流混合型微电网发展的主要障碍。

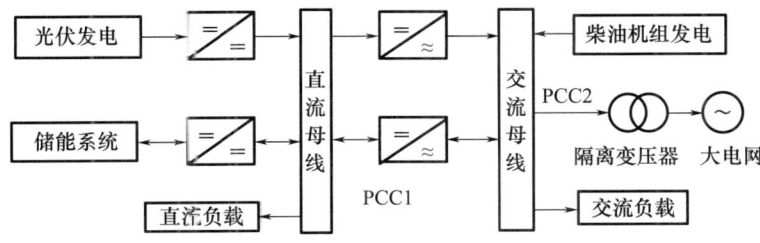

图 5-4　交直流混合型拓扑

## 三、微电网运行控制及能量管理关键技术

### （一）微电网典型控制模式

微电网控制模式划分为主从控制模式、对等控制模式和分层控制模式。

主从控制是指不同分布式电源其控制策略不同，作用发挥有主次区别。作为主控的分布式电源（Distributed Generator，DG）会采集电网信号，保证微电网与其同步。其次，主控 DG 需检测离网现象以及准备接收后续并网信号。另外，主控单元还需控制微电网与配电网的能量交换等。而其他 DG 一切以主控 DG 为准，听从主控单元的安排。在微电网中一般以储能设备、有稳定输出的分布式电源、分布式电源加储能装置作为主控制单元。主从控制是目前应用比较广泛的控制模式。主从控制模式如图 5-5

所示。

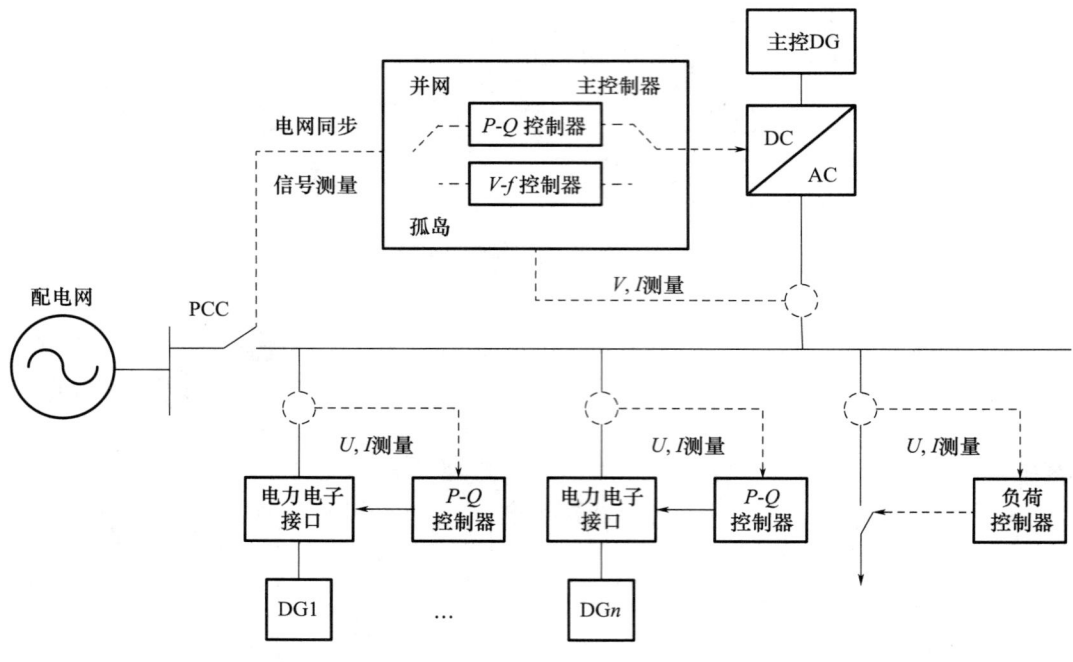

图 5-5 主从控制模式

对等控制中所有微电源地位平等，一般微电网内的分布式电源根据系统的有功功率—频率、无功功率—电压之间的关系对分布式电源进行控制。与主从控制相比对等控制而言能够实现分布式电源的即插即用，并且并网、离网模式都可采用相同的控制策略，更易于实现两种不同模式下的无缝切换。对等控制模式如图 5-6 所示。

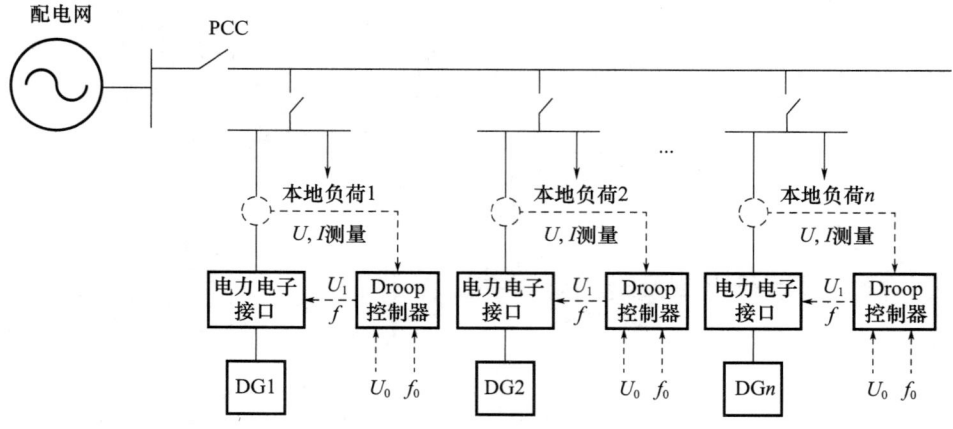

图 5-6 对等控制模式

分层控制主要有两层和三层控制结构。三层控制被广泛接受，第 1 层为分布式电源自身的运行控制，与主从控制相似；第 2 层为微电网动态运行控制，通常采用微电网集中控制器实现微电网运行模式控制，保证微电网稳定运行；第 3 层为微电网经济运行和能量管理层次的控制，在稳定的基础上实现最小成本化的动态能量管理。分层控制如图 5-7 所示。

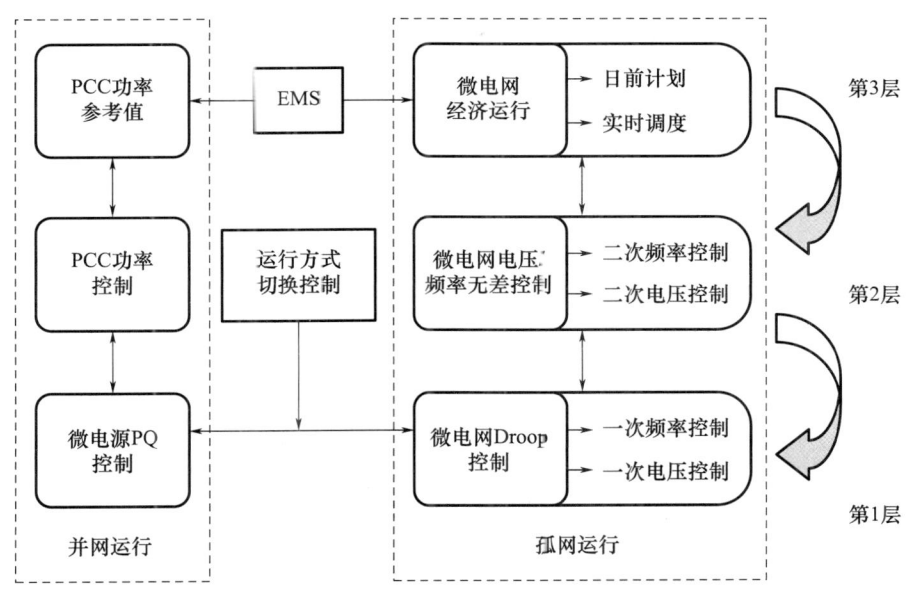

图 5-7 分层控制模式

**(二) 微电网运行控制及能量管理中所需的关键技术**

微电网拓扑结构的多样性（包括直流、交流、交直流混合三种结构），运行方式的多样性（包括离网与并网的稳态运行方式以及两种运行模式切换的暂态过渡过程），微电网内部光伏、风电等可再生能源发电出力的随机性，以及种类繁多的微电源的控制方式不同、运行特性不一，对微电网运行控制及能量管理提出了更高的要求。下面梳理出微电网运行控制及能量管理中所需的关键技术。

1. 逆变型微电源控制技术

微电网中逆变型微电源的控制技术主要包括模拟同步发电机运行特性的下垂特性控制技术、恒频恒压控制技术（$V\text{-}f$ 控制）、恒定功率控制技术（$P\text{-}Q$ 控制）。

下垂特性控制技术模拟传统大电网中有功功率—频率、无功功率—电压幅值之间呈下垂关系，能有效地实现在不依赖于通信的情况下，微电网系统中有功功率和无功功率的均分，并实现微电网中微电源的即插即用，多用在对等控制策略中。但低压配电网线路呈阻性不同于传统电网线路阻抗呈感性的特点，使得频率和电压幅值与有功功率和无功功率均相关。国内外学者针对不同的应用情况，提出了多种改进下垂特性的控制方法，但无论是何种改进方法，均无法避免采用下垂特性控制方法时，系统频率和电压幅值与额定值存在净差的缺点。

$V\text{-}f$ 控制的基本思想是不管分布式电源输出功率如何变化，逆变器输出电压的频率和幅值与额定值一致。采用这种控制方法的微电源多为微型燃气轮机和燃料电池这类输入功率可以根据负荷需要进行控制的微电源，并且此控制方法一般用在主从控制策略中主分布式电源的控制中。

$P\text{-}Q$ 控制的目标是使分布式电源输出的有功功率和无功功率等于其参考值，采用这种控制方法的微电源多为风力发电机和光伏电池组这类输出功率受天气影响较大的微电源,或是微电网处于并网状态下所有微电源均利用此控制方法,但此时需要系统中有维持电压和频率的分布式电源或大电网。

2. 并离网运行模式切换

微电网并离网控制技术的应用应使得微电网系统不仅能在离网运行与并网运行时,保证系统的稳定以及向用户提供高质量的电能,并且能在并离网切换过程中,保持系统的稳定,实现平滑切换,使微电网内部用户感觉不到切换过程带来的供电中断。在多数情况下,当微电网检测出故障情况时,会立即切断分布式电源的运行,然后再重新启动向本地负荷供电,此时负荷要短时停电,而且重新并网十分复杂,适用于允许短时间停电的用户。而对于重要负荷来讲应尽量不间断供电,这就需要采取相应的措施使微电网能从并网运行模式平稳过渡到离网运行模式。

无缝切换技术就是指在微电网在并网与离网模式之间互相转换时,能保证微电网内部正常供电,不给配电网及微电网内部设备造成冲击。这就需要微电网及时获取配电网和微电网内部信息,分析制定有效的并离网策略。各分布式电源应有较强的动态特性,能满足应急需求。目前的无缝切换技术包括:大电网运行状态快速准确识别技术,换流器的 $P\text{-}Q$ 与 $V\text{-}f$ 模式平滑切换技术,微电网平稳同期并网技术。技术特点:以储能单元作为组网单元,可实现无缝切换,独立运行时间及系统总规模受限;以同步发电机作为组网单元,独立生存时间长,较难实现全工况无缝切换;交替组网,兼具两者优点,且运行方式灵活,无缝切换是难点。

3. 微电网频率控制技术

微电网的频率控制应做到响应负荷和发电的随机变化,维持微电网频率在规定范围,并按照相应计划,维持微电网与配电网的交换功率为计划值。微电网运行策略变化时,微电网与大电网之间的连接关系以及分布式电源接口逆变器的控制策略都要进行相应的切换,要求逆变器在切换瞬间具备动态响应能力,以保证微电网发出电能与负荷需求之间的平衡。目前针对微电网有功功率平衡技术的研究成果主要包括微电源输出有功功率调节技术、储能控制技术和用户侧负荷控制技术。

在参与主控频率的分布式电源数量和容量相对较少时,微电网的频率控制更加不易。因此,微电网必须配置一定比例的储能单元,以维护系统频率的稳定性,但也并不能完全解决微电网频率稳定问题,当微电网发生较大程度的有功缺额时,为防止微电网系统崩溃,执行低频减载是必不可少的控制手段。

关于低频减载,一般有以下方式:采用多代理系统控制架构,在微电网出现紧急情况时,通过各代理的信息交互采取相应的动作,以保证微电网的频率稳定;基于频率变化率和微电网等效转动惯量估算有功缺额的方法,在紧急情况下可以实施较准确的低频减载以防止过切。

4. 微电网电压控制技术

在微电网中,可再生能源的波动、异步风力发电机的并网等都会造成微电网电压波动。而微电网内的各类负荷(包括感应电机)与分布式电源距离极近,电压波动等问题更加复杂,需要采取相应的自动电压控制以保证微电网系统电压在允许范围内。系统电压的稳定与无功功率的平衡相关,针对微电网的无功功率平衡技术主要包括微电源接口逆变器的无功功率调节技术、静止无功补偿器的应用和微电网与配电网接口变压器分接头的调节技术。由此可见微电网无功功率平衡技术基本沿用传统大电网的电压无功控制技术。

对于直流微电网而言，仅需考虑有功功率的平衡，而直流母线电压是有功功率平衡与否的唯一量度，因此，在直流微电网系统中，电压的稳定控制问题即转为有功功率平衡的控制。

对于交流以及交直流混合微电网而言，微电网的电压控制技术要同时考虑有功功率和无功功率的平衡问题，同时稳定的电压是避免系统出现有功功率环流和无功功率环流的关键。

5. 自启动技术

在一些极端情况发生时，如出现主动离网过渡失败或微电网失稳而完全停电等情况时，需要利用分布式电源的自启动和独立供电特点，对微电网进行自启动，以保证重要负荷的供电。自启动功能主要提供微型电源和负荷的启动规划。它依靠分布式电源的可用容量、储能装置容量、重要负荷特性，结合成一个启动整个微电网的合理步骤。通常这些步骤的制定是依靠以往事故的经验所得或是通过仿真模拟得到相应的数据，而自启动过程中，不仅需要操作人员应对突发问题的技术经验，同时需要决策支持系统的帮助。

通常由微型燃气轮机、水力发电机和储能装置承担最初恢复供电的微电源，因为他们具有迅速自启动的能力。通常网络的恢复可分为两个阶段，针对不同的运行阶段制定不同的控制手段。首先是微电源的启动以及电压的恢复；其次才是对于负荷供电的满足，在这个阶段，控制技术要满足系统有功功率和无功功率的平衡。

6. 冷热电多元能量的协调管理

在含有冷热电多元能量的微电网中，通常采用微型燃气轮机或者燃料电池作为核心的联供设备，多元能量之间具有很强的耦合性，且微电网中每个分布式能量单元具有不同的特性，导致对其进行能量管理建模变得相当复杂，需要考虑的优化约束条件和松弛条件较多。此外，微电网运行目标往往不单有运行成本最低，还可包括可再生能源利用率最大、设备折旧成本最低、环境效率最大、综合效率最大等多种目标，需要进行多目标优化，进一步提高了求解的难度。

此外，可再生能源功率（风力发电、光伏电池等）具有很强的随机性，特别是在所占比例较大时，将给微电网能量管理造成严重困难。这就要求对可再生能源功率进行多时间尺度（长时、短时）预测，减少预测误差，在满足安全性、可靠性和供电质量要求等约束条件下，对分布式发电供能系统和多种类型的储能单元进行优化调度、合理分配出力，平抑可再生能源波动所造成的影响，形成不同运行模式下的微电网多时间尺度运行管理策略。

7. 微电网与配电网的联合调度技术

目前，微电网与配电网之间有三种交互方式：优先利用微电网内部的 DER 来满足网内的负荷需求，可以从电网吸收功率，但不可以向电网输出功率；微电网内部的 DER 与电网共同参与系统的运行优化，但仍是可以从电网吸收功率，不可以向电网输出功率；微电网可以与电网自由双向交换功率。

微电网的能量管理不仅局限于满足内部的能量需求，还需要配合上级配电网进行全局的能量协调；配电网在调度过程中，需要分析不同微电网-配电网交互方式对调度计划的影响，充分发挥微电网在削峰填谷，降低网络损耗以及提高供电可靠性等方面所具有的功能。然而，配电网对多个微电网进行整体、协调优化调度时，其调度计划可能并不符合单个微电网的经济效益最大化或者其他运行目标，导致局部调度目标和整体调度目标的分歧，这就需要引入博弈论等方法来处理该问题。

8. 融合能量管理和需求侧管理的微电网管理策略

随着智能电网的建设，用户将不再简单、被动使用电能，而将更多地参与到电网的各个环节，特别是在微电网中，存在多种负荷类型（重要负荷、一般负荷等），部分负荷具有可控性，以及越来越多用户储能的出现，如电动汽车等，使得在微电网能量管理中结合需求侧响应技术具有实际可操作性。

微电网内的可再生能源波动可能会导致发电功率与用户需求之间存在较大差异，仅仅依靠储能系统进行平抑，可能要求储能系统的容量较大，安装使用成本高，如果配合需求侧管理技术，对负荷及分布式用户储能进行合理管理，利用基于实时电价的需求响应来降低由于可再生资源不确定性而造成的平衡费用、调度费用和失负荷概率，降低对储能系统的要求，减小微电网削峰填谷的难度。

## 第四节 增量配电网

### 一、增量配电网定义

增量配电网原则上指110kV及以下电压等级电网和220（330）kV及以下电压等级工业园区（经济开发区）等局域电网。《国家发展改革委 国家能源局关于进一步推进增量配电业务改革的通知》（发改经体〔2019〕27号）进一步明确了增量配电网与存量配电网的界线，包括以下几项：

（1）已纳入省级相关电网规划、但尚未核准或备案的配电网项目和已获核准或备案、但在相关文件有效期内未开工建设的配电网项目均属于增量配电业务范围。

（2）未经核准或备案，任何企业不得开工建设配电网项目，违规建设的配电网项目不属于企业存量配电设施。

（3）电网企业已获批并开工、但在核准或备案文件有效期内实际完成投资不足10%的项目，可纳入增量配电业务试点，电网企业可将该项目资产通过资产入股等方式参与增量配电网建设。

（4）由于历史原因，地方或用户无偿移交给电网企业运营的配电设施，资产权属依法明确为电网企业的，属于存量配电设施；资产权属依法明确为非电网企业的，属于增量配电设施。

（5）各地可以根据需要，开展正常方式下仅具备配电功能的规划内220（330）kV增量配电业务试点，可不限于用户专用变电站和终端变电站。

### 二、增量配电网改革发展历程

2015年3月，《中共中央 国务院关于进一步深化电力体制改革的若干意见》（中发〔2015〕9号），文件提出"鼓励社会资本投资配电业务。按照有利于促进配电网建设发展和提高配电运营效率的要求，探索社会资本投资配电业务的有效途径。逐步向符合条件的市场主体放开增量配电投资业务，鼓励以混合所有制方式发展配电业务。"

根据中发〔2015〕9号文件的相关精神，2015年以来发展改革委、能源局相继发布了《关于推进售电侧改革的实施意见》《有序放开配电网业务管理办法》等多项政策文件，涵盖改革的任务和要求、增量配电网定义和范围、项目申请审批、配电网运营、营业许可证颁发、供电安全与责任、电网接入、输配电价格与收费等多个方面，如表5-1所示。截至2020年年底，发展改革委、能源局共批复五批482个增量配电改革试点项目。

增量配电业务改革取得了一定成效。主要表现在：一是试点工作向前推进，一些项目已经进入正常运营，起到了一定试点示范作用；二是改革试点有效激发了社会资本投资增量配电项目的积极性，促进了配电网建设发展。已经确定业主的试点项目中，大部分项目都有社会资本的参与，并且由非电网的社会资本控股的项目占据了大多数；三是通过增量配电网试点项目引入标尺竞争机制，在推动提高配电网运营效率、改善供电服务质量等方面作出了积极探索，促进了相关电网企业从投资决策流程、客户响应等方面服务水平的提升。

表5-1 增量配电网改革发展历程

| 时间 | 相关政策 |
| --- | --- |
| 2015年3月 | 《中共中央 国务院关于进一步深化电力体制改革的若干意见》（中发〔2015〕9号） |
| 2015年5月 | 《国家发展改革委关于完善跨省跨区电能交易价格形成机制有关问题的通知》（发改价格〔2019〕962号）<br>《国家发展改革委 国家能源局关于印发〈输配电定价成本监审办法〉的通知》（发改价格规〔2019〕897号） |
| 2015年11月 | 《关于电力交易机构组建和规范运行的实施意见》<br>《关于推进电力市场建设的实施意见》<br>《关于推进售电侧改革的实施意见》<br>《关于推进输配电价改革的实施意见》<br>《关于有序放开发用电计划的实施意见》<br>《关于加强和规范燃煤自备电厂监督管理的指导意见》 |
| 2016年5月 | 《发展改革委 能源局关于印发〈输配电定价成本监审办法〉的通知》（发改价格规〔2019〕897号） |
| 2016年10月 | 《国家发展改革委 国家能源局关于印发〈售电公司准入与退出管理办法〉和〈有序放开配电网业务管理办法〉的通知》（发改经体〔2016〕2120号） |
| 2016年11月 | 《国家发展改革委 国家能源局〈关于规范开展增量配电业务改革试点的通知〉》（发改经体〔2016〕2480号）<br>《增量配电业务改革试点名单（第一批）》 |
| 2016年12月 | 《国家发展改革委关于印发〈省级电网输配电价定价办法（试行）〉的通知》（发改价格〔2016〕2711号）<br>《电力中长期交易基本规则（暂行）》 |

续表

| 时间 | 相关政策 |
|---|---|
| 2017年11月 | 《国家发展改革委 国家能源局〈关于规范开展第二批增量配电业务改革试点的通知〉》(发改经体〔2017〕2010号)<br>《增量配电业务改革试点名单（第二批）》 |
| 2017年12月 | 《区域电网输电价格定价办法（试行）》<br>《跨省跨区专项工程输电价格定价办法（试行）》<br>《关于制定地方电网和增量配电网配电价格的指导意见》(发改价格规〔2017〕2269号) |
| 2018年3月 | 《关于印发〈增量配电业务配电区域划分实施办法（试行）〉的通知》(发改能源规〔2018〕424号) |
| 2018年4月 | 《关于规范开展第三批增量配电业务改革试点的通知》(发改经体〔2018〕604号)<br>《增量配电业务改革试点名单（第三批）》 |
| 2018年6月 | 《关于规范开展第三批增量配电业务改革试点的补充通知》(发改经体〔2018〕956号)<br>《增量配电业务改革试点名单（第三批第二批次）》 |
| 2019年1月 | 《关于规范优先发电优先购电计划管理的通知》(发改运行〔2019〕144号)<br>《关于进一步推进增量配电业务改革的通知》(发改经体〔2019〕27号) |
| 2019年5月 | 《发展改革委 能源局关于印发〈输配电定价成本监审办法〉的通知》(发改价格规〔2019〕897号) |
| 2019年6月 | 《国家发展改革委 国家能源局关于规范开展第四批增量配电业务改革试点的通知》(发改运行〔2019〕1097号)<br>《增量配电业务改革试点名单（第四批）》 |
| 2019年10月 | 《关于深化燃煤发电上网电价形成机制改革的指导意见》(发改价格规〔2019〕1658号) |
| 2020年1月 | 《区域电网输电价格定价办法》(发改价格规〔2020〕100号)<br>《省级电网输配电价定价办法》(发改价格规〔2020〕101号) |
| 2020年6月 | 《电力中长期交易基本规则》(发改能源规〔2020〕889号) |
| 2020年8月 | 《国家发展改革委 国家能源局〈关于开展第五批增量配电业务改革试点的通知〉》(发改运行〔2020〕1310号)<br>《增量配电业务改革试点名单（第五批）》 |
| 2021年2月 | 《售电公司管理办法（修订稿）》 |

## 三、增量配电网规划工作要求

为进一步做好增量配电网规划工作，《关于进一步推进增量配电业务改革的通知》（发改经体〔2019〕27号）对增量配电网规划提出以下工作要求。

（1）增量配电业务试点项目规划需纳入省级相关电网规划，实现增量配电网与公用电网互联互通和优化布局，避免无序发展和重复建设。

（2）试点项目内不得以常规机组"拉专线"的方式向用户直接供电，不得依托常规机组组建局域网、微电网，不得依托自备电厂建设增量配电网，禁止以任何方式将公用电厂转为自备电厂。

（3）设定规划范围应统筹考虑存量配电设施和增量配电设施，充分发挥存量资产供电能力，避免重复投资和浪费。

（4）增量配电试点项目业主应委托具备资质的专业机构编制项目接入系统设计报告，由地方能源主管部门委托具备资质的第三方咨询机构组织评审论证，论证过程应充分听取电网企业意见。

### 四、增量配电网业务典型试点

增量配电行业的典型用户类型主要为发电企业、政府和园区管委会、新能源企业、配电设备制造商以及其他传统能源企业等，见表5-2。

表5-2 增量配电业务典型试点

| 行业类型 | | 描述 | 发展情况 |
| --- | --- | --- | --- |
| 发电 | 发电企业 | 发电企业，例如三峡、华能、国电投、大唐、华润、浙能、京能等 | 发电企业实现产业链下游延伸，通过发配售一体拓展业务空间和盈利空间 |
| 政府 | 政府和园区 | 园区管委会，例如江西建筑陶瓷产业基地管委会、郑州航空港区管委会、贵安新区管委会、兰州经济开发区管委会 | 工业园区数量众多，且园区用电量与比很大 |
| 其他产业链上下游企业 | 新能源企业 | 分布式能源公司、微电网公司，例如协鑫智慧能源 | 借助增量配电网发展分布式新能源，进行资源整合和升级，布局综合能源服务 |
| | 设备制造商 | 配电设备公司，例如金智科技、北京科锐、恒华科技、许继电气等 | 工程总承包商或资产运维，新建配电网或对存量配电网进行升级，并利用生产经验开拓后端运维 |
| | 其他传统能源企业 | （1）燃气、供水、供热等公用事业企业，例如新奥<br>（2）石油、天然气等大型能源企业，例如中石油 | 燃气、供水、供热等公用事业企业旨在打造多位一体的战略协同；石油等大型能源企业谋求多元化发展 |

## 第五节　直流配电网

随着城市的发展和用电负荷的快速增加，对配电网电能质量、供电可靠性和输送容量的要求也日益增加。在用电密集的城市电网中采用柔性直流技术，建设直流配电网，利用直流配电网快速可控性等特点，解决城市供电中存在的供电困难、成本高以及潮流控制难等问题，确保城市电网的安全、可靠、经济运行。另外，通过直流配电的方式，还可以减少迅速发展的新能源发电设备、储能设备、电动汽车充电站和大量的直流负荷接入电网的中间环节，降低上述设备和负荷的接入成本，提高功率转换效率和电能质量。

直流配电网指从交流或直流电源侧（输电网、发电设施、分布式电源等）接受电能，并以直流方式实现与用户电气系统交换电能的配电网络，如图5-8所示。相比于交流输电，直流配电网具有功率双向可控、高可靠性、高供电质量、灵活友好接入、快速响应等优良性能。

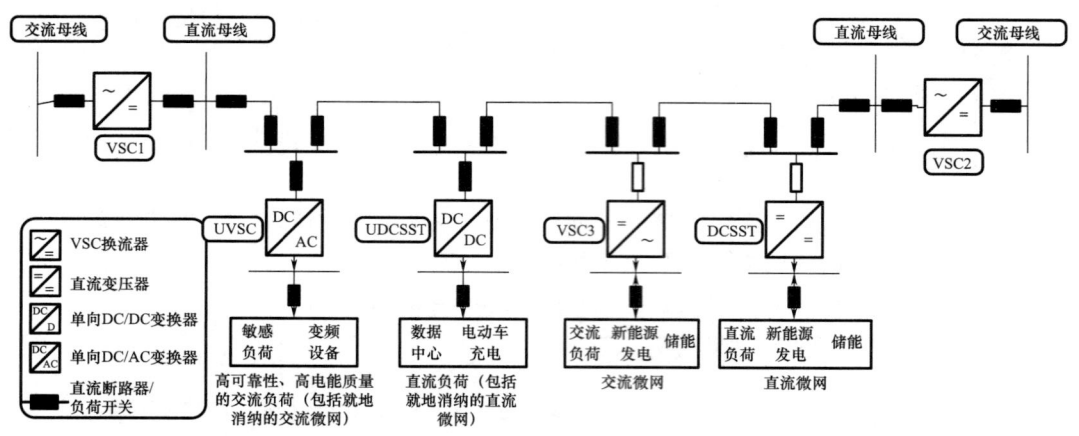

图 5-8 直流配电网

## 第六节 柔性负荷

柔性负荷可以作为有效的可调度资源,如负荷侧的储能、电动汽车等柔性负荷参与电网有功功率调节,电力用户中的工业负荷、商业负荷以及居民生活负荷中的空调、冰箱等作为需求侧资源能够实时响应电网需求并参与电力供需平衡,通过有效的管理机制,柔性负荷将能够成为平衡间歇性能源功率波动的重要手段。

传统的终端用电负荷,如空调、热水器、冰箱以及照明灯具等,功能单一,不能满足智能电网需求响应项目的要求。而柔性负荷设备是在传统用电设备的基础上加以改造并能够与电网灵活互动、根据实际所需自动地控制负荷的终端用电设备。柔性负荷能够与电网进行双向信息交换。用电设备能够接收到电网发出的事件通知和电价信息,并根据这些信息自行调节运行模式,从而有效地避免了电网过载或供用电负荷不平衡的情况。而用户可以利用计算机、移动电话或家电产品自带的装置,了解住宅的电力消费状况以及产品运行状态,并根据电网状态对用电方案进行及时调整。下面以使用频率较高、耗电量占总负荷比重较大的智能空调、智能热水器和电动汽车为例予以介绍。

### 一、智能空调

随着空调在商业建筑和居民用户中使用率的增加,空调负荷占总负荷的比重日益增大,在空调需求较大的冬季和夏季更为显著。研究表明,空调负荷越是集中,其启停对当地电网的影响越大。因此,空调终端也可以作为电网削峰填谷和负荷整形的设备。近来,美国的一项调查表明,在对空调负荷实施控制后,峰荷时段的居民空调负荷削减量为 0.3~1.5kW。与传统空调相比,智能空调增设了远程控制模块、传感器模块及与智能插座友好接入的模块等,因而具备了更多的功能。例如,能够感知外部温度,自动控制空调开关;能够连接无线网络,用户可在任何地方通过手机或电脑对其进行控制;能够感知用电高峰时电价的上涨,并自动调整设备使用时间,更好地参与需求响应(Demand Response,DR)项目;能够根据用户的电费预算和天气预报向用户提供空调设置建议;拥有多种冷却模式和多种风扇速度,方便用户根据实际情况进行切换等。

## 二、智能热水器

热水器是另一种负荷占比较大的用电设备，其负荷曲线没有明显的季节性特征，较为平滑。美国能源信息署报告称，热水器耗电量占一个典型家庭能源消费总量的17.7%。占比之所以那么高，是因为传统热水器的储水箱中存储着四五升的水，而这些水需要一直保持较高的温度，即当恒温器检测到水温低于预设值时，会触发加热元件重新对水进行加热，这对于仅在早上和晚上用热水器的用户来说，显然是不经济的。而智能热水器装有按需控制器，即仅在需要热水的时候对水进行加热，这克服了上述传统热水器不经济的缺点。除此之外，智能热水器还具有以下优点：具有多种用户可选的运行模式，包括节能模式、假期模式和正常模式等，并能够根据用户所选的模式自动进行调整；能够远程监视和控制热水器的温度、加热持续时间及功率水平等。

## 三、电动汽车

电动汽车作为正在培育和发展的战略性新兴产业之一，已成为新能源汽车发展的主要方向，也将成为21世纪最具发展潜力的交通工具。可以预计，随着未来电动汽车的普及，将有大量电动汽车接入电网进行充放电，这将对电力系统的运行与规划产生不利的影响。为了应对这一趋势，使电动汽车和智能电网更为有效地融合，市场上出现了新一代电动汽车。

# 第七节　练习题

## 一、单选题

1. 对于辐射型和双电源环网结构的配电网，分布式电源可（　　）接入，也可T接接入。

A. π接　　　　　　B. 公共点　　　　　　C. 专线　　　　　　D. 直接

答案：C

2. 全力推进用采信息、各类终端信息等接入调度技术支持系统，2022年公司系统配电网有效感知率不低于（　　），"十四五"末配电网有效感知率不低于95%。

A. 80%　　　　　　B. 65%　　　　　　C. 60%　　　　　　D. 70%

答案：D

3. 接入（　　）及以上电压等级配电网的微电网发生故障脱网后，微电网运行人员向电力调度机构报告故障及相关保护动作情况。

A. 110kV　　　　　B. 10kV　　　　　　C. 380V　　　　　　D. 35kV

答案：B

4. 地区电网调度自动化系统新能源模块性能指标中冷备用方式运行时，主备切换时间应不大于（　　）。

A. 30min　　　　　B. 10min　　　　　C. 10s　　　　　　D. 20s

答案：B

5. 配网调度技术支持系统内部生产控制大区与管理信息大区边界 B1，应采用（　　）实现大区边界安全防护。

A. 软件防火墙　　　　　　　　　　B. 硬件防火墙
C. 正反向隔离装置　　　　　　　　D. 配电安全接入网关

答案：C

6. 直流侧电网可通过（　　）与本层级对应电压等级交流电网互联，也可通过直流变压器实现直流电网各层级互联。

A. 换流器　　　B. 整流器　　　C. 斩波器　　　D. 逆变器

答案：A

7. 新能源自动发电控制具备集中式新能源场站的（　　）控制功能和分布式新能源发电的（　　）控制功能。

A. 点对点，区域集群　　　　　　　B. 面对面，区域分散
C. 点对面，区域集群　　　　　　　D. 点对面，区域分散

答案：A

8. 电力调度机构应提前 1 个工作日，按照（　　）min 的分辨率向储能系统运行维护方下达调度运行计划。电力调度机构制定调度运行计划时应综合考虑用户侧的储能系统。

A. 30　　　　　B. 10　　　　　C. 5　　　　　D. 15

答案：D

9. 若并网点电压大于 $50\%U_n$，且小于 $90\%U_n$ 并持续（　　）s，微电网应与电网断开连接，由并网模式转换到离网模式运行。

A. 5　　　　　B. 1　　　　　C. 0.5　　　　D. 2

答案：D

10. 逆变器电压保护的要求，并网点电压 $U$ 为 $50\%U_n<U<85\%U_n$，最大分闸时间应（　　）。

A. 不超过 0.5s　　B. 不超过 2s　　C. 不超过 0.2s　　D. 连续运行

答案：B

## 二、多选题

1. 压缩空气储能发电系统利用来自电网的电能驱动电动机，带动气体压缩机，压缩空气时产生的热能由（　　）和（　　）吸收并储存。

A. 终端冷却器　　B. 中期冷却器　　C. 前期冷却器　　D. 后期冷却器

答案：BD

2. 对于直流电压等级，（　　）至（　　）电压等级电网为高压直流配电网。

A. ±100kV（不含）　　B. ±50kV　　C. ±50kV（不含）　　D. ±100kV

答案：CD

3. 新能源发电预测结果数据包含（　　）预测结果数据。

A. 近期　　　　B. 短期　　　　C. 超短期　　　　D. 长期

答案：BC

4. 微电网主要适用的情况有（　　）。
A. 配网可靠性较高的区域
B. 与大电网联系薄弱，供电能力不足的偏远地区
C. 满足高渗透率分布式可再生能源的接入和消纳
D. 对电能质量和供电可靠性有特殊要求的电力用户
答案：BCD

5. 各分中心、省（自治区、直辖市）调、地调应在SCADA中分级监视分布式光伏出力，具备相应的（　　）等统计功能。
A. 电力　　　　　B. 功率　　　　　C. 容量　　　　　D. 电量
答案：ACD

6. 微电网接到并网指令后，应执行的操作有（　　）。
A. 接入10kV及以上配电网的微电网控制系统接到并网指令后，应在规定时间（1h）内执行离网到并网转换控制，超过规定时间未成功并网的应重新申请并网
B. 对微电网主电源的输出电压幅值、频率及相位进行调节并进行同期条件判断
C. 监测待接入电网的电压幅值、频率等状态并判断是否允许并网接入
D. 满足同期条件时，闭合并网开关，同时主电源工作模式从离网运行转换到并网运行，并进行平滑切换控制，防止切换电流冲击过大及保护系统误动作
答案：ABCD

7. 镍镉蓄电池的正极材料为（　　）和（　　）的混合物，负极材料为（　　）和（　　），电解液通常为氢氧化钠或氢氧化钾溶液。
A. 氧化镉粉　　　B. 海绵状镉粉　　C. 氢氧化亚镍　　D. 石墨粉
答案：ABCD

8. 分布式电源并网（　　）等级可根据（　　）容量进行初步选择。
A. 额定　　　　　B. 电量　　　　　C. 电压　　　　　D. 装机
答案：CD

9. 地调新能源模块处理新能源电站、并网点、线路等的（　　），以及主变挡位、温度等模拟量。
A. 电压值　　　　B. 无功　　　　　C. 有功　　　　　D. 电流
答案：ABCD

10. 并网运行时，并网点的（　　）、（　　）、（　　）需要符合国家标准、电力行业标准要求。
A. 继电保护　　　B. 运行特性　　　C. 电力系统技术　　D. 电能质量
答案：BCD

# 第六章　配电网调控运行

> **概　述**

本章主要介绍配电网调控管理、配电网图模异动管理、配电网运行管理等内容，包括七个培训模块。Ⅰ级人员应重点掌握配电网调控管理、配电网图模异动管理；Ⅱ级人员应重点掌握配电网运行管理、调控操作管理；Ⅲ级人员应重点掌握配电网设备接入管理、配电网调控运行。

## 第一节　配电网调控管理

### 一、调控管理机构

按照国家电力调控机构设置原则，地区电力调控机构设置采用两级制，地区电网调控（简称地调）和市公司供电服务指挥中心（配网调度控制中心）（简称配调）、县（区）供电公司调控（简称县调）。

地区电力调度遵循"统一调度、分级管理"的原则，并配备与调控运行、运行方式、继电保护、调度自动化专业相适应的专职岗位及人员。

地调是配网调控运行、配网抢修指挥、配网继电保护及整定、配网方式计划、配电自动化主站等调控专业管理部门，负责组织制定相关管理制度、标准和流程。负责本专业工作的监督、检查和考核，组织开展相关业务统计分析。参与供电服务指挥系统功能模块完善、信息融合等相关支撑工作。

配调负责调度管辖范围内 6～35kV 调度计划执行、配网调控运行、配网倒闸操作等业务。配调与县调同质化管理，地调与配调是上下级调度关系，配调接受地调专业管理。

各级电力调控机构的调控室和机房应由两个不同电源点供电，并配备不间断电源和事故照明。

为在突发事件、自然灾害、战争时，保证提供不间断的电力调度指挥，有条件的应建立备用调控室。

### 二、配电网调控管理的任务

电力系统调控管理必须依法对电网运行进行组织、指挥、指导和协调，领导电力系统运行、操作和事故处理。配电网调控必须做好以下工作。

（1）负责对管辖电网范围内的设备进行运行、操作管理及配电线路运行监控。

（2）负责指挥管辖电网的事故处理，并参加地区系统的事故分析和参与制定提高系统安全运行的措施。

(3) 审核管辖电网范围内的设备检修计划，批准设备检修申请。

(4) 负责编制和执行管辖电网的各种运行方式。

(5) 负责收集、整理管辖电网的运行资料，提供分析报告。参加拟定迎峰措施和网络改进方案。

(6) 参与拟定降损技术措施，提高管辖电网经济运行水平。

(7) 负责指挥管辖电网电压调整，配合上级调度调整主变功率因数。

(8) 参与编制低频、低压减载方案。参与编制系统事故限电序位表，参与制定超负荷限电序位表，经政府主管部门批准后执行。

(9) 负责与高压双电源客户签订有关双电源调度协议。

(10) 负责管辖电网范围内的新设备命名、编号；编制管辖电网范围内的新设备启动方案，参与新设备启动。

(11) 参与管辖电网的规划、工程可研及设计审查。

(12) 接受上级电力管理部门、调控机构授权或委托的与电力调控相关的工作。

### 三、配电网调控管理制度

**(一) 配网调控指令管理**

配网调控员在值班期间是配电网运行、操作及事故处理的指挥人员，按照调度管辖范围行使调度权，对调度管辖范围内的运维人员发布调度指令，配网调控员在发令操作时，任何单位和个人不得非法干预。

配网调控员在值班期间受上级调度运行值班人员的指挥，并负责执行上级调度运行值班人员的指令；配网调控员对其所发调度指令的正确性负责，调度联系对象应对其汇报内容的正确性负责。

配网调控员对调度管辖范围内的调度联系对象是：地调调度员、发电厂值长（或电气班长）、变电运维人员、监控运行人员、输配电运检人员、经各级供电公司批准的有关人员以及用户变电站值班人员；调度管辖范围内的用户联系对象在正式上岗前必须经过电力调度管理知识培训，考试合格后方可持证上岗值班。值班调控员与其联系对象联系调度业务或发布调度指令时，必须互报单位、姓名，并使用普通话和统一的术语，严格执行发令、复诵、监护、汇报、录音和记录等制度。

值班调控员发布的调度指令，接令人员必须立即执行，如有无故拒绝执行或拖延执行调度指令者，一切后果均由接令者和允许不执行该调度指令的领导负责。一切调度指令，是以调度下达指令时开始至操作人员执行完毕并汇报当值调控员后，指令才算全部完成。调度管辖、调度许可（调度同意）的设备，严禁约时停送电。

如果接令人认为所接受的调度指令不正确时，应当立即向发布该调度指令的值班调控员报告并说明理由，由发令的值班调控员决定该调度指令的执行或者撤销；若发令值班调控员重复该调度指令时，接令人必须执行；如对值班调控员的指令不理解或有疑问时，必须询问清楚后再执行；若执行该调度指令将危及人身、设备或电网安全时，接令人应当拒绝执行，同时将拒绝执行的理由及改正指令内容的建议，报告发令值班调控员和本单位直接领导。

## (二）配网调控网络发令（许可）

（1）配网调度发令（许可）分为电话、网络两种方式，网络发令与电话发令具有同等效力。网络发令是指调度指令通过网络发令模块进行发令、复诵、汇报、确认、收令的流转方式，包括调度运行操作和检修申请单许可等业务。

（2）正常情况下，采用网络发令方式，电话发令作为备用方式，配网调控员可根据实际需要选择发令方式。电话发令优先级高于网络发令。

（3）配网调控员与调度联系对象值班期间应保持网络发令模块登录状态。

（4）调度运行操作网络发令。

1）业务流程包括准备调度操作指令、签收调度操作预发令、现场人员到位汇报、调度发令、现场复诵和确认、现场执行、调度收令等环节。

2）对于进行网络发令的调度运行操作任务，配网调控员必须提前准备好调度操作指令，并经审核通过。

3）调度联系对象在现场终端（厂站 Web 终端或现场 App 终端）上提前签收调度操作预发令，相关要求如下：

① 原则上要求"谁签收，谁受令"。

② 对于计划类操作任务，调度联系对象原则上应至少提前 8h 签收调度预发令。

③ 预发令不具备操作效力，现场实际操作仍以当值值班调控员正式下达的操作指令为准。严禁用操作预令直接进行操作。

4）调度联系对象按照业务进程到达现场后，在现场终端对应的调度操作指令进行"签到"汇报，通过网络发令模块向值班调控员发出到位操作申请。调度联系对象到位后至该调度操作任务执行完成前，该调度联系对象在现场终端上只能操作已"签到"的调度操作指令票的相关内容。同一调度联系对象不能同时对两项及以上调度操作指令进行"签到"。

5）值班调控员收到调度联系对象到位汇报及操作申请时，核对具备调度发令条件后，在调度 Web 终端向调度联系对象按顺序下达调度操作指令。调度联系对象在现场终端接收到值班调控员发令后，按照调度发令的操作顺序，依次组织开展现场操作。具体工作要求如下：

① 调度联系对象开始任何一个操作项目前，应在现场终端对该操作项目内容进行复诵并经网络发令模块自动审核确认通过后，方可组织现场操作，操作完毕后应在现场终端上及时填入操作完成时间。

② 调度联系对象原则上不得跳项执行调度操作指令票上的项目，在未完成顺序靠前操作项目的复诵及执行汇报前，不得进入顺序靠后操作项目的复诵和执行。

③ 调度联系对象按顺序完成调度下令的操作项目后，通过现场终端向值班调控员汇报操作执行情况。

④ 操作过程中，若发生异常，应及时通过电话向值班调控员汇报，并按照电话内容执行下一步操作。

⑤ 值班调控员在调度 Web 终端接收到现场操作汇报，核对操作项目均已按要求执行后，进行收令。

（5）检修申请单网络许可业务：

① 值班调控员进行检修申请单网络许可前，应确认该检修申请单对应的停电调度操作指令票已执行，方可通过调度 Web 终端向调度联系对象发出相应检修申请单许可开工指令。调度联系对象通过现场终端接收到检修申请单许可开工指令后，方可根据现场安全规程进行下一步工作。

② 调度联系对象确认检修申请单对应的所有现场工作票终结、安全措施全部解除后，方可在现场终端向值班调控员汇报现场工作终结且已恢复到送电交回状态。值班调控员收到调度联系对象汇报竣工，并在调度 Web 终端确认检修申请单工作终结后，方可进行调度送电操作。

(6) 网络发令安全管控：

① 具备调度受令资格的调度联系对象方可登录网络发令模块接受预令和正令，并对其操作的正确性和安全性负责。凡具备受令资格的调度联系对象的个人信息应全部录入网络发令模块，在首次登录后应主动修改个人密码并注意密码保护。若因自身原因导致密码泄露而出现他人冒用账户造成后果的，责任由账户持有人承担。

② 若调度联系对象因工作需要调动至不同单位值班时，各单位应及时书面通报并转发相关人事调动发文至配网调控部门备案，由相关人员对变动信息进行审查、修改。

③ 未获取受令资格的调度联系对象无权限登录终端进行工作。凡冒用他人信息登录终端进行任何操作的行为，视为违反调度纪律。

④ 调度联系对象接收一项调度操作指令后，必须待该操作指令执行完毕并向当值调控员回令之后方能接收其他调度操作指令，防止操作人员误操作，确保调度指令执行的安全性。

**(三) 调管设备管理原则**

(1) 凡属调度管辖、许可或同意的设备，未经值班调控员同意，各相关单位的运行、检修人员，均不得擅自进行操作或改变其运行状态。但经判断对人身或设备安全确有严重威胁时，现场操作人员可根据现场规程边处理、边向值班调控员汇报。

(2) 当管辖范围内的设备发生事故或异常情况时，各有关运行单位运维人员应将事故和异常情况立即报告值班调控员，同时按照现场规程迅速处理；值班调控员接到报告后应及时采取防止事故扩大的措施，并对上述情况做好记录。如发生重大事故或需紧急处理的设备严重缺陷或对外正常供电有较严重影响的情况时，应及时向调控中心及公司有关领导报告。

(3) 调度管辖的设备由相应管辖调度统一进行编号命名，设备运行单位应按调度下达的命名编号做好相关的工作。

**(四) 变电设备调控管理**

(1) 调度操作任务票预发至运维部门相关操作班组。操作前，操作人员应根据现场设备的实际情况，认真审核操作票，确保正确无误，具备操作条件后，向值班调控员申请操作。操作完成后，操作人员向值班调控员汇报。

(2) 遇有口令操作时，对于不具备远方操作功能的变电站，值班调控员应先通知运维部门派人到相关变电站，操作人员到达现场后应主动与值班调控员联系，具体操作和操作结束汇报由现场操作人员负责。

(3) 系统发生事故或异常情况时，值班调控员及时发现无人值班变电站的保护动作、开关跳闸及潮流变化情况，并立即派人去现场检查设备，检查后应立即汇报。一般情况下，值班调控员在接到现场汇报后，方可进行下一步的事故处理；若发生线路故障，紧急情况下，在得到运维部门操作人员汇报现场设备无异常告警信号后，值班调控员可直接进行强送。

(4) 当危及人身、设备或电网安全时，运维部门操作人员应按现场运行规程或事故处理预案进行事故处理，事后必须立即派人到现场进行检查并报告值班调控员。

(5) 当调度自动化系统出现异常，影响正确判断故障时，值班调控员可指令操作人员在现场进行事故处理，并及时汇报值班调控员。

### （五）配电设备调控管理

配网调控员与配电运检人员日常联系主要分为以下四类。

**1. 配电设备检修工作**

配电运检人员执行完调度操作指令后，汇报值班调控员，由调控员许可开工。值班调控员接到工作竣工汇报后，进行相关复役操作。

**2. 配电设备抢修工作**

值班调控员接到配电线路跳闸或缺陷等信息后，即刻通知相应配电运检人员进行巡线查找故障点。查找到故障点后，按相关流程进行故障隔离、负荷转移，许可故障处理。

**3. 方式调整**

当外界干扰或负荷变化影响到配电网的供电能力及其可靠性时，配电运检人员根据值班调控员操作指令完成相应配合操作，改变配电网的运行方式，达到配电网运行的最优化。

**4. 带电作业**

配电网带电作业工作负责人在带电作业工作开始前，应与值班调控员联系；工作结束后应及时向值班调控员汇报。需要停用重合闸的，应向值班调控员履行许可手续。带电作业过程中如设备突然停电，工作负责人应尽快与调控运行值班人员联系，调控运行值班人员未与工作负责人取得联系前不得强送电。

### （六）用户调控管理

(1) 凡属县配调调度管辖或调度许可范围内的6~35kV高压电源用户，均应服从电网统一调度，其调度管辖范围应在调度协议中明确规定。

(2) 县配调管辖的用户输变电工程接入系统运行时，营销部门需向相关调控机构书面提供如下资料：

① 新设备经验收合格，要求投入系统运行的申请报告（附供用电协议）。
② 有关继电保护定值、联系电话方式及值班人员的名单。
③ 新设备的启动方案。
④ 若需停电接线时，提出有关的停电申请。

(3) 6~35kV高压电源用户，当其供电线路名称变更后，营销部门应及时通知用户；当单电源重要用户名称、联系电话以及双电源用户名称、值班员名单、联系电话变更时，营销部门应及时报调度备案，必要时双电源用户还需重新修订双电源协议。

（4）凡属调度管辖或许可的用户变电站，其值班人员应熟悉调度管理的基本制度，凡属调度管辖或许可的设备倒闸操作和事故处理由值班调控员与变电站值班员之间直接联系进行，使用统一调度术语和操作术语。

（5）用户变电站内凡属调度管辖或许可的设备检修，一律要办理停电申请手续。尤其用户在进线电源设备上进行检修工作（包括配合电源线路停电的检修工作），除办理停电申请手续外，工作前还必须得到值班调控员工作许可，方可开始工作。用户工作完毕必须将自己所做的接地装置拆除，并及时向值班调控员汇报竣工，不得影响线路正常送电。

（6）高压用户内部故障造成进线电源失电，值班员应迅速向值班调控员汇报，听候处理。用户内部故障修复送电应得到营销部门相关人员的同意。各发电厂、用户变电站非调度管辖及许可设备发生事故时，由各站值班员自行处理，并及时汇报所管辖调控。

（7）如用户设备发生故障，引起线路跳闸（或单相接地），相关单位值班人员应主动及时地向值班调控员如实报告，配合值班调控员尽快恢复线路送电。

（8）因用户值班人员误操作引起线路跳闸，值班人员必须立刻向值班调控员如实报告。值班调控员在无法确认该用户是否具备送电条件前，有权不对该用户恢复供电。

（9）当馈电线路过载时值班调控员应根据线路过载程度，及时实施负荷转移。若无法转移的，首先应与该线路的双电源用户协商转移负荷；若仍然过载，应及时通知营销部门，对该线路部分用户进行限电。

**（七）配网调控员值班资质**

（1）值班调控员应由遵纪守法、政治素质较高、职业道德良好、有一定政策理论水平和管理、协调能力较强的人员来担任。值班调控员在上岗之前，必须经实习培训、考试合格，正值调控员应经单位分管领导批准方可正式上岗。

（2）值班调控员应熟练掌握以下内容：

① 电力安全工作规程、上级和本公司的调控规程以及其他有关规程、规定、制度、指示、通知等。

② 管辖电网的一次接线方式、主要设备的结构原理、运行特性和规范。

③ 管辖电网的继电保护和安全自动装置的基本原理、配置及运行情况。

④ 当年超负荷限电序位表和事故限电序位表。

⑤ 调控通信、自动化及各种办公设备的使用方法。

⑥ 调控术语及操作术语。

⑦ 上、下级值班调控员、有关抢修人员、各部门负责人姓名及联系方式。

**（八）交接班制度**

各级值班调控员在交接班期间应严格执行"交接班制度""接班后的汇报制度"，认真履行交接班手续和汇报程序。调控业务交接内容应包括以下几项：

（1）调管范围内发、受、用电平衡情况。

（2）调管范围内一、二次设备运行方式及变更情况。

（3）调管范围内电网故障、设备异常及缺陷情况。

（4）调管范围内检修、操作、调试及事故处理工作进展情况。
（5）值班场所通信、自动化设备及办公设备异常和缺陷情况。
（6）台账、资料收存保管情况。
（7）上级指示和要求、电网预警信息、文件接收和重要保电任务等情况。
（8）需接班值或其他值办理的事项。

### 四、调度系统重大事件汇报制度

（1）调度系统重大事件分为特急报告类事件、紧急报告类事件、一般报告类事件。

（2）调度系统重大事件汇报的内容要求如下：

① 发生重大事件后，相应调控机构的汇报内容主要包括事件发生时间、概况、造成的影响等情况。

② 在事件处置暂告一段落后，相应调控机构应将详细情况汇报上级调控机构，内容主要包括：事件发生的时间、地点、运行方式、保护及安全自动装置动作、影响负荷情况；调度系统应对措施、系统恢复情况；以及掌握的重要设备损坏情况，对社会及重要用户影响情况等。

③ 当事件后续情况更新时，如已查明故障原因或巡线结果等，相应调控机构应及时向上级调控机构汇报。

（3）调度系统重大事件汇报的时间要求如下：

① 在直调范围内发生特急报告类事件的调控机构调控员，须在 15min 内向上一级调控机构调控员进行特急报告。

② 在直调范围内发生紧急报告类事件的调控机构调控员，须在 30min 内向上一级调控机构调控员进行紧急报告。

③ 在直调范围内发生一般报告类事件的调控机构调控员，须在 2h 内向上一级调控机构调控员进行一般报告。

④ 相应调控机构在接到下级调控机构事件报告后，应按照逐级汇报的原则，5min 内将事件情况汇报至上一级调控机构。

⑤ 特急报告类、紧急报告类、一般报告类事件应按调管范围由发生重大事件的调控机构尽快将详细情况以书面形式报送至上一级调控机构。

⑥ 地县调发生电力调度通信全部中断事件应立即逐级报告省调调度员。

⑦ 各级调度自动化系统要具有大面积停电分级告警和告警信息逐级自动推送功能。

### 五、安全事故调查规定

（1）电力安全事故是指电力生产或者电网运行过程中发生的影响电力系统安全稳定运行或者影响电力正常供应的事故（包括热电厂发生的影响热力正常供应的事故）。

（2）安全事故调查应坚持科学严谨、依法依规、实事求是、注重实效的原则，及时、准确地查清事故过程、原因和损失，查明事故性质，认定事故责任，总结事故教训，提出整改措施。做到"四不放过"：事故原因未查清不放过、责任人员未处理不放过、整改措施未落实不放过、有关人员未受到教育不放过。

（3）电网事故分为以下等级：特别重大电网事故（一级电网事件）、重大电网事故

（二级电网事件）、较大电网事故（三级电网事件）、一般电网事故（四级电网事件）、五级电网事件、六级电网事件、七级电网事件、八级电网事件。

## 第二节 配电网图模异动管理

配网图模异动管理旨在进一步夯实营配调贯通基础，实现"数据一个源、电网一张图、业务一条线"，确保配网调度图模与现场设备"图物相符、状态一致"，促进配网运行更安全、管理更精益、服务更优质。根据"数据一个源、电网一张图"的原则，应从配网调度专业对配网图模的应用需求出发，对源端 PMS 系统的配网图模维护明确具体要求，包括配网图模的覆盖范围、绘制规范等。根据"业务一条线"的原则，应规范配网图模异动管理流程，包括配网建设/改造/检（抢）修、配网业扩工程等引起的图模异动管理流程，设备命名（编号）变更管理流程，设备台账变更管理流程，以及低压配网异动管理流程等。

### 一、配电网图模维护

配网调度图模应以单线详图为数据源，按照"一模多图"的原则生成单线简图。根据业务需要生成站房图、环网图、系统图、保电图等专题图形，确保"图模一致、图物相符、源端唯一"。单线简图为调度控制业务的必备图形，站房图、环网图、系统图、保电图等专题图形是调度控制业务的辅助图形。

**（一）单线详图绘制基本要求**

（1）单线详图绘制应与现场完全一致，所有配变及以上中压设备（含分布式电源、接入点等）都应绘制并标注齐全。组成元素包括：变电站、配电站房、负荷开关、断路器、隔离开关、跌落式熔断器、组合开关、架空线、电缆、配电变压器、分布式电源、杆塔、故障指示器等设备。

（2）单线详图绘制应采用合理的布局，线路和设备不能有交叉重叠，优先保证主干线的布局。联络开关处应通过醒目文本标注对侧线路名称，线路名称标注应符合调度命名规范。接入点处应绘制清晰的用户分界标识，并标注用户基本信息（户名、户号、容量等）。架空线路存在同杆架设的，应对与本线路同杆架设部分进行区分标注。

（3）单线详图绘制应确保"图模一致、拓扑连通"，不得出现模型缺失、冗余、孤岛等现象，开关属性（联络/分段/分界）维护正确。

**（二）单线简图成图基本要求**

（1）单线简图以单条馈线为单位，根据单线详图生成，应能准确反映调度管辖范围内设备电气逻辑连接关系。组成元素包括：变电站、配电站房、负荷开关、断路器、隔离开关、组合开关、架空线、电缆、分布式电源等设备。

（2）变电站出线开关至终端设备或联络开关之间的线路及有关设备，调度管辖开关必须在单线简图上体现，其他设备在单线简图上不体现。如果分支不包含开关，则分支设备不成图；如果站房不包含开关，则站房不成图；如果站房里的间隔不包含开关，则间隔不成图。

(3) 单线简图不带地理方位，图元标注须符合调度使用规范，避免线路不必要的弯曲和交叉。

**(三) 站房图、环网图、系统图等专题图形成图基本要求**

(1) 站房图是以开关站、环网柜、配电室、箱式变、电缆分支箱、高压用户等站房为单位，描述站房内部接线及其间隔出线的联络关系，清晰反映站房内部的接线，直观展示站房供电范围的示意专题图形，站房图以间隔出线的电缆为边界。组成元素包括：站房内开断类设备、母线、电压互感器、变压器、中压电缆等。

(2) 环网图由两条或多条有联络关系的馈线主干部分组成，用于展示馈线环网主干的联络情况，仅包含所联络相关馈线主干线路上的调度管辖设备。组成元素包括：变电站、配电站房、负荷开关、断路器、隔离开关、组合开关、架空线、电缆等。

(3) 系统图是以变电站为单位，描述变电站之间配电线路联络关系的示意图形，仅包含配电联络线和联络开关。通过系统图可快速定位到对应的环网图或单线图。组成元素：变电站、联络线、联络开关、简化站房等。

## 二、配网图模异动管理

配网图模异动管理依托营销业务应用系统、PMS、OMS、DMS 等相关系统对配网图模异动、设备命名/编号变更、设备台账变更进行流程化管理，反映单线详图、设备台账的维护、接收、审核及发布等重要工作环节。

**(一) 异动内容**

10 (6、20) 千伏线路及设备（含配变、分布式电源）异动内容主要包括：

(1) 电气接线变化。
(2) 设备的增减/更换/迁移。
(3) 设备的命名/编号变更。
(4) 配网设备台账变更。

**(二) 异动来源**

在配网开展以下类型工作，并涉及上述异动内容，必须办理配网图模异动申请。

(1) 配网建设和改造。包括配网新投运馈线/支线，新建/拆除/改造配电站房，线路及其设备的更换、改造、拆除、迁移，负荷割接等。

(2) 配网业扩工程。包括用户产权设备接入、迁移、改造，客户销户及增（减）容等。

(3) 配网检修和抢修。包括按计划检修、临时检修和故障抢修等。

**(三) 异动流程**

按照异动来源和异动内容，异动流程主要包括以下几项：

(1) 配网建设/改造/检修异动流程。配网图模异动流程由设备管辖班组按照相关工作时限要求发起配网图模异动申请，提交至配网调控部门审核发布。

(2) 配网业扩工程异动流程。配网图模异动流程由客户经理在营销业务应用系统按照相关工作时限要求发起配网图模异动申请，提交至配网调控部门审核发布。

(3) 配网故障抢修异动流程。应根据设备资产属性，由设备管辖单位（或客户管理单位）发起配网图模异动流程，在故障抢修结束后规定时限内补办配网图模异动申请，并提交至配网调控部门审核发布。

(4) 设备命名/编号变更流程。仅设备的命名/编号发生变更，电气接线方式、设备台账等均未发生变化，应根据设备资产属性，由设备管辖单位（或客户管理单位）按照相关工作时限要求发起配网图模异动申请，提交至配网调控部门审核发布。

(5) 设备台账变更流程。仅设备的台账发生变更，电气接线方式、设备命名/编号等均未发生变化，应根据设备资产属性，由设备管辖单位（或客户管理单位）发起配网图模异动流程，由设备管辖班组按照相关工作时限要求发起配网图模异动申请，提交至配网调控部门审核发布。

(6) 低压配网异动流程。低压配网异动流程由配电运检部门发起、审核、发布。

图模异动管理应加强配网建设改造、检（抢）修和业扩工程的协同配合，尽量减少同一线路连续异动、频繁异动。

### （四）施工图设计及现场勘察

(1) 涉及电气接线变化、设备地理位置变更，施工图必须基于地理接线图设计，应体现每支杆塔、站房的地理位置。

(2) 设计单位确实无法基于地理接线图设计的，应提供地理接线走向示意图。

(3) 施工单位应会同设备管辖单位进行作业现场勘察，按照施工图，确定异动实施方案，编制现场勘察单。如与施工图不一致，应注明变更情况，反馈项目负责人，由项目负责人通知设计部门进行设计变更。

### （五）异动申请填报

(1) 遵循"谁负责实施异动、谁负责异动维护"的原则，设备管辖单位维护公司资产的配网图模，客户管理单位维护非公司资产的配网图模。单线图模编辑、审核状态下，应对该单线图模文件进行锁定。

(2) 涉及设备台账变更时，设备管辖单位录入公司资产完整的设备台账，客户管理单位录入非公司资产完整的设备台账。设备台账录入准确率、完整率、及时率必须达100%。

(3) 设备管辖单位归口办理异动申请时，根据设备资产属性，分别抽取涉及调度设备台账的信息，构建调度设备台账，并推送至OMS系统。

(4) 同一工程涉及多条线路设备同时异动施工的，应合并为一张异动申请单办理。

(5) 涉及配电自动化设备的异动，配电运检部门应按照相关工作时限要求提交配电自动化设备调试申请单和信息点表。

(6) 异动申请单应注明申请单位、申请人、异动类型、计划异动时间、工程名称、是否计划异动、工程描述以及异动内容等，并附有施工图、现场勘察单等资料。

### （六）异动实施部门审核

(1) 设备管辖单位负责审核公司资产设备异动内容、异动前后电气接线，对异动内容以及异动接线、设备命名/编号、设备台账是否准确进行把关。

(2) 客户管理单位负责审核非公司资产设备异动内容、异动前后电气接线，对异动内容以及异动接线、设备命名/编号、设备台账是否准确进行把关。

### （七）配网调控部门审核

(1) 配网方式计划人员根据现场勘察单（含施工图），通过红黑图对比审核异动图形，通过校验工具辅助审核异动模型，包括拓扑孤岛、联络关系等。

(2) 配网方式计划人员按照调度设备台账维护要求审核变更的设备台账的规范性和完整性。

(3) 配网方式计划人员对于接收到的单线详图，如审核发现以下问题的应予以退回修改。

① 图形、模型、台账、设备命名（编号）等不符合规范要求的。

② 出现开关属性（联络/分段/分界）维护不正确的。

③ 出现图模异动与工作内容描述不符的。

(4) 涉及配网图模异动的检修工作，配网调控部门应同步开展配网图模异动申请单和配网设备检修申请单的审批工作，未提交配网图模异动申请单的，不得批复配网设备检修申请单。

**（八）异动工程实施**

(1) 施工单位应严格按照施工图、异动实施方案进行现场施工。

(2) 现场施工时，因特殊情况需要变更施工方案，造成接线方式或设备台账变化的，设备管辖单位（或客户管理单位）应做好异动变更记录，并向配网调控部门提交异动变更说明。

(3) 配网调控部门应及时按原流程将配网图模异动申请单退回，设备管辖单位（或客户管理单位）根据异动变更说明修改配网图模异动申请单，并重新提交配网调控部门审核。

**（九）验收汇报**

工作终结前，设备管辖单位（或客户管理单位）应对现场异动内容进行验收；涉及配网调控管辖设备的异动，工作负责人应向设备管辖班组汇报工作终结、现场异动实施情况和异动设备状态，设备管辖单位应向配网当值调控员汇报现场异动设备验收情况。

**（十）异动确认、发布更新**

(1) 凡涉及调度管辖的 10（6、20）kV 线路和设备及单台配变异动，必须经过调度确认发布。

(2) 配网当值调控员根据配电自动化主站单线详图、简图（红图）及配网图模异动申请单，与现场人员核对异动内容，确认异动后的电气接线图、异动申请单与现场实际异动情况相符，完成异动申请单归档、单线详图/简图红转黑操作，方可下令送电。

(3) 若配网当值调控员根据现场汇报，发现施工方案存在变更造成不能按计划进行红图转黑图操作的，配网当值调控员应对照异动变更说明，与现场人员核对异动内容，核对无误后安排送电并做好记录。变更后的配网图模异动申请单重新流转至配网调控部门审核时，配网当值调控员应对照异动变更说明和相应记录，确认异动后的电气接线图、异动申请单与异动变更说明和相应记录相符后，完成配网图模异动申请单归档、单线详图/简图红转黑操作。

(4) 故障抢修引起配变及以上设备图模异动，抢修当日，配网当值调控员根据抢修负责人汇报情况做好异动记录，设备管辖单位应在异动后 1 个工作日内向配网调控部门提交配网图模异动申请单，配网当值调控员审核异动申请单与抢修异动记录相符后，完成配网图模异动申请单归档、单线详图/简图红转黑操作。

(5) 仅设备命名/编号变更时，配网当值调控员在设备管辖班组汇报现场配变及以上设备命名/编号变更完成后，完成配网图模异动申请单归档、单线详图/简图红转黑操作。

（6）仅设备台账变更时，配网调控部门对调度管辖设备台账审核通过后进行调度管辖设备台账更新发布。

（7）如因系统问题、网络中断等特殊情况造成异动无法正常发布、更新，配网当值调控员经本部门分管领导同意后，方可进行送电并做好异动记录，设备管辖班组应在系统、网络恢复正常后的1个工作日内补办配网图模异动申请，配网当值调控员审核异动申请单与异动记录相符后，完成配网图模异动申请单归档、单线详图/简图红转黑操作。

**(十一) 异动资料移交**

（1）异动资料主要包括以下纸质和电子图档。

① 异动前后的电气接线图，地理路径（接线）图等。

② 设备铭牌资料（照片）、试验报告单、开关定值整定单等。

（2）业扩/配网工程竣工报验时，客户经理/项目负责人应收集齐全异动资料，移交给设备管辖班组。

（3）当天施工当天送电工程验收时，工作班组应将完备的异动资料移交给设备管辖班组现场验收人员。

（4）抢修及低压工程异动，工作班组应在工作结束后1个工作日内将完备的异动资料提供给设备管辖班组。

### 三、配网图模应用

**(一) 单线详图和单线简图应用**

配网调控部门应用单线详图开展配网故障研判、配变停复电和遥测信息查看。配网单线详图应关联用电信息采集系统（或配变终端TTU）中的台区/配变停复电信息、准实时负荷信息（三相电压、三相电流、有功功率、无功功率等）。

配网调控部门应用单线简图开展调控运行日常工作，包括停电检修、事故处理等工作中的置位与封锁、挂摘牌、防误闭锁、拓扑分析、主配一体化应用等。

**(二) 配网调度图模置位与封锁**

（1）配电自动化主站非实时状态的设备，由配网调控员根据现场实际位置进行置位，以下设备均需进行置位：

① 无法接入实时量的隔离开关，包括电缆架空线路转接隔离开关、柱上开关两侧隔离开关等。

② 未接入实时量（未做调试）的配电站房内开关和柱上开关。

③ 工况退出（调试成功并接入）的配电站房内开关和柱上开关。

（2）配网调度图模置位应遵循以下原则：

① 若调度管辖范围内的非自动化开关现场实际位置发生变化，配网调控员应与配电运维人员核对无误，并根据开关现场实际位置在配电自动化主站置入相应状态。

② 对于因检修或故障需要停用馈线自动化功能（以下简称FA功能）的线路，非自动化开关的置位操作必须在FA功能退出状态下进行，FA功能启用状态的线路不得进行非自动化开关的置位操作。

（3）若调度管辖范围内的自动化开关显示为坏数据或实时状态与现场不一致时，应将设备状态封锁与现场一致,并记录缺陷。当缺陷消除后,及时对设备进行解封锁,并与现场核实开关位置。

**(三)配网调度图模挂摘牌**

配网调控员结合运行方式、设备状态,在配电自动化主站单线简图上进行挂摘牌操作,操作完毕后,应在调度日志中及时记录挂摘牌信息。部分常用标志牌介绍如下:

(1)检修牌:对检修工作停电范围各侧电源点设备挂此牌,挂此牌后,设备禁止遥控,但不抑制设备遥信信号。

(2)缺陷牌:对有缺陷或故障的设备挂此牌,提示性置牌。

(3)保电牌:对有保供电任务的设备挂此牌,提示性置牌。

(4)调试牌:对自动化设备调试时挂此牌,提示性置牌。

**(四)配网调度图模防误闭锁**

(1)配网调度图模应支持多种类型的远方控制(包括遥控、置位等操作)防误闭锁,包括基于预定义规则的常规防误闭锁和基于拓扑分析的防误闭锁,并支持在模拟环境下结合网络拓扑进行模拟防误操作。

(2)实时态下的防误闭锁数据来源于实时的开关、隔离开关、接地隔离开关及保护的状态信号,模拟环境下的防误闭锁数据来源于实时态的断面数据。

(3)配网调控员应用单线图开展日常调度下令操作时,配网调度图模可进行基本防误逻辑闭锁、线路(设备)检修防误逻辑闭锁、设置故障处理闭锁条件等。

**(五)配网调度图模拓扑分析**

配电自动化主站根据配网开关的实时状态,可确定各种电气设备的带电状态,分析电源点和供电路径,并将结果在人机界面上用不同的颜色表示出来,以便直观查看配网运行状态、供电关系、故障影响范围等,主要包括电气岛带电拓扑着色、电网运行状态及人工干预拓扑着色、拓扑应用分析着色。

(1)电气岛带电拓扑着色是指以电源点作为起始,对带电设备进行动态拓扑,并对拓扑到的设备进行着色。

(2)电网运行状态及人工干预拓扑着色是指能够自动根据电网的运行状态(如带电、停电、接地、合环)以及人工干预操作(如挂牌、跳接等操作)重新进行拓扑分析,并进行图形着色。

(3)拓扑应用分析着色是指根据电网连接关系和设备运行状态进行动态分析,包括负荷转供着色、故障区域着色、线路合环着色等。

**(六)配网调度图模主配一体化应用**

(1)配网调控部门应用配网调度图模时,可通过变电站厂站图出线快速链接配网单线简图,单线简图和单线详图之间可快速切换。

(2)根据配网调度图模的模型层次关系,按照树形结构生成图形目录,通过图形索引图可快速定位对应的单线简图、单线详图、站房图等图形。

(3)通过分析配网调度图模主配网设备的供电路径,可实现供电电源追溯,供电电源应能追溯至220kV变电站。

(4)配网调控部门确定重要保电用户后,根据配网调度图模主配网实时电网模型和运行情况,能够实现保电用户供电路径自动追溯,并全景展示主配一体化的保供电路径。

## 第三节　配电网运行管理

### 一、配电网网格化调控管理

配电网网格化调控以强化新型有源配网调度管理为目标，解决了配网网架结构不清晰、配网监视效率低、事故处置智能化水平不足等问题。通过在配电自动化主站建设配网网格化调控功能，利用自动成图技术生成标准的网格图、单元图，提升配网网络图管理水平；基于网格图开展方式安排、倒闸操作、事故处理和馈线自动化功能应用，提升配网调控运行操作效率；将网格内关键信息汇聚至网格集中告警窗，提升配网调控运行监视效率。

#### （一）网格图模管理

**1. 网格图模绘制基本要求**

（1）单元图仅绘制本单元内所有线路的主干线部分，绘制时布局应合理，不同线路间应减少交叉重叠，确保准确反映本单元内所有线路主干线的联络情况，与其他单元联络处应通过醒目文本标注对侧单元及线路名称，单元及线路名称标注应符合调度命名规范。组成元素包括：变电站、配电站房、负荷开关、断路器、隔离开关、组合开关、架空线、电缆等。

（2）网格图应以单元图为绘制单元进行绘制，确保准确反映本网格内各单元间的联络关系，联络单元之间应绘制联络开关，并通过醒目文本标注对侧单元及线路名称。组成元素包括：网格单元、联络线、联络开关等。

**2. 单元图异动管理**

（1）异动来源

① 规划部门调整单元格规划。

② 单元格内单线图发生异动。

（2）异动流程

① 单元格规划调整后配网调控部门应根据调整情况重新手动生成单元图，并对新生成单元图的正确性负责。

② 单元格内单线图发生异动，单线图红转黑操作完成后，应同步自动生成单元图，配网调控部门根据异动内容，核对新生成单元图的正确性。

**3. 网格图异动管理**

（1）异动来源

① 规划部门调整网格规划。

② 同一网格不同单元格之间联络开关发生异动。

（2）异动流程

① 网格规划调整后，配网调控部门应根据调整情况重新手动生成网格图，并对新生成网格图的正确性负责。

② 同一网格不同单元格之间联络开关发生异动，涉及的单线图红转黑操作完成后，应同步自动生成网格图，配网调控部门根据异动内容，核对新生成网格图的正确性。

**4. 单线图主要应用场景**

（1）配网故障研判、配变停复电和遥测、遥信信息查看。

（2）安排具体停电范围与需转供负荷部分。

（3）拟写调度操作任务票。

（4）自动化开关遥控验收。

（5）查看分级保护配置、动作情况，开展定值召测与校核。

（6）日常配网遥控操作，非自动开关的置位。

（7）结合运行方式、设备状态等，进行挂摘牌操作。

5. 单元图主要应用场景

（1）基于单元图进行供电单元配网信号的集中监视，查看单元内各馈线的潮流分布。

（2）安排方式或事故处理转供负荷时进行电源点的选择。

（3）编写保电预案、检修预案、事故预案等。

（4）开展拓扑着色，精准定位供电单元内各线路送电区域。

（5）开展供电单元内线路负荷分配的安全校核。

（6）日常配网遥控操作，非自动开关的置位。

（7）结合运行方式、设备状态等，在单元图上进行挂摘牌操作。

（8）查看供电单元内 FA 动作情况，进行 FA 功能模式切换操作。

6. 网格图主要应用场景

（1）基于网格图进行全网格配网信号的集中监视，查看网格内各单元潮流分布。

（2）开展基于网格的负荷预测、电力平衡分析。

### （二）网格运行监视

1. 网格运行监视范围为已接入网格化调控模块的配网调度管辖设备，开展网格—单元—馈线三层次的运行监视，监视内容包括：网格及单元内的配网设备失电、异常、重过载、FA 动作、保电、检修等信息。

2. 网格图巡视

配网调控人员定期巡视网格图，巡视内容包括失电线路数量、合环线路数量、重过载线路数量、重要用户失电情况、配网开关分闸、合环情况等。

3. 遥控操作（除变电站出线开关）应优先在对应层次的图上开展。操作跨单元格的联络主线上的开关应在网格图进行；操作单元格内联络主线上的开关应在单元图进行；其他开关的操作应在单线图进行。操作前应核对网络拓扑和开关状态，操作后检查开关变位及潮流变化情况。

4. 通过历史统计功能，可查询以下信息：

（1）网格内运行方式调整统计记录，包括转供线路的名称、开始及结束时间、涉及变电站、转供负荷情况等。

（2）FA 动作历史记录统计排序。

（3）保电、预保电线路统计排序。

### （三）网格化调控运行

网格化调控运行应遵循以下规则：

（1）在计划检修运方安排方式或事故处理转供负荷时应优先选择本单元格内的线路，其次再考虑由同一网格内的其他单元线路转供，一般不采用其他网格内线路。

（2）当主变或线路出现负荷重、过载时，配网网格化调控模块应监测到越限信号并给出转供方案，通过网格图直观地显示出来，选择转供线路时优先考虑本单元格内线路。

(3) FA 线路发生故障时，故障点的定位排查应通过单线图实现，转供路径方案应通过单元图更直观地呈现，并同样优先考虑通过本单元内其他线路转供。

(4) 配网网格化调控模块在检测到主变、母线、线路失电时，应及时监测到跳闸信号并给出所有失电负荷的转供方案，通过网格图直观地显示出来，选择转供线路时优先考虑本单元格内线路。

(5) 当涉及重要用户保电或正常检修工作至部分运行区域运行方式薄弱时，配网网格化调控模块根据预先设置好的转供规则，自动生成保电预案和检修预案，优先单元内的线路作为转供路径，再考虑选取网格内的线路作为转供路径，并以负荷转供单元图形式展示。

**（四）网格负荷预测与电力平衡**

(1) 负荷预测。根据网格内中压配电网设备运行信息、分布式光伏及储能信息、配电变压器及低压分布式电源信息，融合多元数据，基于"气象资源数值化＋历史负荷波动性"，分析对比负荷历史数据，结合负荷发展趋势开展负荷预测，并通过预测误差分析算法，对负荷预测值进行滚动修正。

(2) 电力平衡。配网网格化系统以网格为单位，开展网格自治运行调度管理。基于网格负荷、发电出力预测情况，根据源荷匹配指数调整网格内发电出力，满足网格电力供需基本平衡的要求。

**（五）网格评估**

(1) 以网格、单元为单位开展网格/单元网架及线路分析，内容包括：

① 网架标准化分析。包括网架结构合格率，网架标准接线率。

② 线路配置分析。包括：线路分段合理率，线路联络合理率，有效联络率及网格间联络数量等。

③ 供电能力分析。包括网格/单元内线路 $N-1$ 通过率，母线 $N-1$ 通过率，线路轻重载比例等。

(2) 以网格、单元为单位开展配电自动化终端布点分析评估，内容包括以下几项：

① 评估分析网格内各线路的三遥开关布点情况。

② 网格/单元内分段和联络开关自动化情况分析。

③ 网格/单元内分界开关二、三遥情况分析。

(3) 配网分级保护配置状态分析评估

① 可分析线路分级保护情况及针对分级保护配置原则进行校核。

② 分段保护配置合理性校核。

③ 分支保护配置合理性校核。

## 二、配电网设备运行管理

**（一）设备运行基本要求**

凡运行中的设备发生缺陷或异常时，发现人应及时汇报管辖该设备的值班调控员或主管单位，以便尽快安排处理。

缺陷的分类原则有以下几项：

(1) 一般缺陷：设备本身及周围环境出现不正常情况，一般不威胁设备的安全运行，可列入小修计划进行处理的缺陷。

（2）重大（严重）缺陷：设备处于异常状态，可能发展为事故，但设备仍可在一定时间内继续运行，须加强监视并进行大修处理的缺陷。

（3）紧急（危急）缺陷：严重威胁设备的安全运行，不及时处理，随时有可能导致事故的发生，必须尽快消除或采取必要的安全技术措施进行处理的缺陷。

紧急（危急）缺陷消除时间不得超过 24h，重大（严重）缺陷应在 7 天内消除，一般缺陷可结合检修计划尽早消除，但应处于可控状态。设备带缺陷运行期间，运行单位应加强监视，必要时制定相应应急措施。

设备检修试验后能否投入运行，由设备运行主管单位负责审定。如不具备送电条件，应及时汇报值班调控员，当值调控应及时汇报有关领导。

在运行设备上进行技术性能试验，应由试验单位向调控中心提出书面试验方案，并经运维检修部门审核，公司分管领导批准后方可进行。试验方案应包括以下几项：

（1）试验内容和目的。
（2）试验时间和地点。
（3）试验时对系统运行方式的要求及可能对系统产生的影响。
（4）试验时的运行接线图。
（5）试验中保证安全的组织措施和技术措施。
（6）试验中对可能出现问题的防范措施。

**（二）断路器的运行**

断路器发生下列情况时应立即停下处理：

1. 开关本体

（1）运行中的电气设备有异味，异常响声（漏气声，振动声，放电声）。
（2）落地罐式开关和 GIS 防爆膜变形或损坏。
（3）$SF_6$ 开关气体泄漏至报警值。
（4）$SF_6$ 气体管道破裂。

2. 操作机构

（1）操作机构卡涩，运行中发生拒合、拒跳或误分误合的现象。
（2）拐臂、连杆、拉杆松脱、断裂。
（3）端子排爬电；接线桩头松动、发热或脱落。
（4）操作回路熔丝座损坏。
（5）连杆有裂纹。
（6）机械指示失灵。

3. 液压机构

（1）压力异常或分合闸闭锁。
（2）严重漏油、喷油、漏氮。

**（三）变压器和互感器的运行**

一般情况下，变压器在规定冷却条件下，可按铭牌规范运行。变压器允许的正常过负荷及事故过负荷，则按公司批准的变电站现场运行规程的规定办理。

备用中的变压器及与其相连接的电缆应定期进行充电，并由现场运维人员掌握，但充电前后需向值班调控员汇报。

变压器发生下列情况之一者应停止运行：

(1) 变压器发生强烈不均匀噪声，内部有放电声或爆炸声。

(2) 变压器本体或附件开裂，大量漏油无法控制，油面迅速下降到最低控制线以下。

(3) 油面急剧上升，从油枕、防爆管呼吸器喷油、冒烟或喷火时。

(4) 在正常冷却条件下，变压器负荷不变而上层油温不断上升，或发现油温较平时同负荷、同温度、同冷却条件下高出10℃以上（温度计本身显示正确）时。

(5) 变压器套管炸裂严重损坏、引线烧断。

运行中的电压互感器二次侧不得短路，运行中的电流互感器二次侧不得开路。电流互感器和电压互感器原则上均不得超载运行，极端情况下不得超过额定值的1.1倍。

**(四) 架空线路及电力电缆的运行**

架空线路和电缆在正常运行时的允许载流量，由公司运维检修部门提供。电缆的正常工作电压不应超过额定电压的15%。架空线路重合闸装置应启用，全电缆线路重合闸装置应停用，混合线路重合闸装置原则上应启用。

电缆线路原则上不允许过负荷运行。

当电缆或架空线路过负荷运行时，调控员在无法转移负荷的情况下应迅速通知双电源客户、负控中心控制负荷，直至采取拉闸限电。对未列入预案的客户进行限电，值班调控员需报请公司领导批准后通知营销部，由负控中心配合执行，但应根据客户性质预留合理的操作时间。

电缆停用（或备用）一个星期，应进行充电一次；超过一周不满一月时，投运前应测量绝缘电阻是否合格；超过一月不满一年，须经试验合格方能投运。

**(五) 中性点接地电阻的运行**

中性点接地电阻的投、退应根据调度指令执行。当出现中性点接地电阻过热、冒烟等异常情况时，应立即停用。

当10（20）kV母线合环运行，严禁两台中性点接地电阻并列运行。线路并列操作及转带负荷时，不得影响中性点接地电阻运行。

**(六) 电容器及电抗器的运行**

电容器运行中电流不应长时间超过电容器额定电流的1.3倍；电压不应长时间超过电容器额定电压的1.1倍。

电容器有下列情况之一者应立即停止运行：

(1) 容器外壳膨胀或漏油。

(2) 套管破裂或闪络放电。

(3) 内部有异声。

(4) 外壳温度超过55℃，示温蜡片脱落。

(5) 密集型电容器油温超过65℃或压力释放阀动作。

电容器开关的拉开和合上的间隔时间，至少5min。电容器开关因保护动作（欠压保护除外）跳闸，或电容器本身熔丝熔断，应查明原因进行处理后方可送电。

当电容器的温度超过现场规定时，运维人员应采取降温措施。如无效，应将电容器停止运行。

无功补偿应坚持分层分区和就地平衡的原则。无 VQC 装置变电站的电容（抗）器投、切，由值班调控人员根据母线的电压水平及规定电压数值，自行操作。投切原则如下：

（1）电压、功率因数均超上限，先切电容器，投电抗器，如电压仍处于上限，再调节分接开关降压。

（2）电压超上限，功率因数正常，先调节分接开关降压，如分接开关已无法调节，电压仍高于上限，则切电容器，投电抗器。

（3）电压超上限，功率因数越下限，先调节分接开关降压，直至电压正常，如功率因数仍低于下限，则切电抗器，投电容器。

（4）电压正常，功率因数超上限，应切电容器，投电抗器，直至正常。

（5）电压正常，功率因数超下限，应切电抗器，投电容器，直至正常。

（6）电压超下限，功率因数超上限，先调节分接开关升压至电压正常，如功率因数仍高于上限，再切电容器，投电抗器。

（7）电压超下限，功率因数正常，先调节分接开关升压，如分接开关已无法调节，电压仍低于下限，则切电抗器，投电容器。

（8）电压、功率因数均超下限，先切电抗器，投电容器，如电压仍处于下限，再调节分接开关升压。

电抗器有下列情况之一者应立即停止运行：
（1）电抗器本身发生单相接地。
（2）电抗器接头处发红或严重过热。
（3）电抗器整体发生变形或倾斜。
（4）电抗器支持瓷瓶及其附件炸裂损坏等。

### （七）消弧线圈的运行

消弧线圈调整应以过补偿运行方式为基础，在特殊情况下，因消弧线圈的容量不足，在短时间内允许停用（一般不考虑欠补偿）。

在正常运行情况下，中性点位移电压（$U_W$）不得超过相电压（$U_X$）的 15%，在特殊情况下，也不得超过 20%。

对于手动改变抽头的消弧线圈，当运行方式变化，在调整消弧线圈分接头时，应以实测的电容电流数值为依据。

应根据电网发展，每 3~5 年对系统电容电流进行一次实测，当系统结构变化较大时，应及时实测电容电流数值。电容电流实测，由运维检修部门向调度部门提出实测方案，并根据调度部门批准的方案组织实测（对安装有自动调节控制装置的，因自带测量功能，可不实测）。

自动跟踪补偿消弧线圈的运行状态，根据制造厂的技术说明及现场运行规程规定运行，手动状态时仍按过补偿方式。

## 三、配电自动化运行管理

### （一）配电自动化调控运行管理

1. 配电自动化运行监视

（1）接入配电自动化系统运行的配电设备，调控值班人员负责配电自动化系统中调控管辖设备的实时事故类、遥信变位类、遥测信息类的监视，确保信息正常，设备运行状况与实际相符。

（2）调控值班人员对发现的异常类、越限类信息及时记录，定期汇总，设备运维单位定期进行分析。

（3）调控值班人员应实时掌握配电自动化设备的运行方式、设备状态、异常情况、设备检修情况、故障处理进程。

（4）调控值班人员应将配电自动化运行情况作为交接班内容之一进行交接。

2. 配电自动化设备遥控操作管理

（1）配电运行方式调整需倒闸操作时，对具备遥控操作功能的配电自动化开关应优先采用遥控操作。配电自动化开关需进行倒闸操作时，如果具备遥控功能，应优先遥控操作。

（2）配电线路发生故障跳闸且重合不成时，调控值班人员应根据配电自动化主站系统给出的馈线自动化方案，经核实确认后，对相应开关进行遥控分/合操作，实现故障快速隔离及非故障范围恢复供电。

（3）当配电自动化设备进行验收投运、定期检修，需对开关设备进行遥控功能测试时，应由现场运维人员提出，调控值班人员配合对开关设备进行遥控分/合操作。

（4）调控值班人员进行遥控操作时，开关分、合是否正常必须根据开关分合遥信变位、遥测至少两个信息确认。如果分合情况不正常或无法判断，应立即通知设备运维单位现场确认，经确认后方可进行下一步操作。

（5）具有遥控操作功能的配电设备正常遥控操作采用操作任务票的形式进行操作，操作时实行"双机"监护方式，必须严格执行发令、复诵、监护、录音等制度，确保遥控操作正确。事故情况下可以接受同值调控值长操作口令进行操作。

（6）特殊情况下，经班长同意并在同值监护下可以采用"单机单人"操作方式。

3. 配电自动化设备检修管理

（1）配电自动化一次设备停电检修计划需纳入公司月度或双周计划，综合平衡、批准后方可实施停电检修。

（2）配电自动化一次设备停电检修，配网调控机构调控班组依据停电申请单进行工作许可。

（3）对于计划检修的停送电操作，应按照以下原则：

① 停电操作：调控值班人员待配电运行人员到达现场后，对相关开关进行遥控分/合操作；遥控操作完毕后，配电运行人员应核对开关状态，将与检修相关且已遥控拉开的开关由"热备用"改为"冷备用"，并汇报调度。调控值班人员在得到相关开关已改"冷备用"的汇报后，许可停电申请单位开工；停电申请单位接到调度开工许可后，应现场核实检修设备确已无电，并做好相关安全措施，方可开始工作。

② 送电操作：检修工作结束后，由停电申请单位向调度报竣工，竣工汇报应明确"工作全部结束、相关安全措施已拆除、设备具备送电条件"。配电运行人员按调控值班员要求将相关开关改为"热备用"位置后，调控值班人员进行开关的遥控分/合操作；遥控操作完毕后，配电运行人员应与调控值班员核对开关运行状态，正确后方可离开

现场。

4. 配电自动化设备事故异常处理

（1）集中型配电自动化设备发生事故跳闸时，配调值班员根据配电自动化主站馈线自动化功能自动检测隔离方案，确认故障点后，拉开故障段侧开关，恢复非故障段设备供电，同时通知运维单位组织故障检查并处理。

（2）就地型配电自动化设备发生事故跳闸时，配网自动化开关按照预设逻辑跳闸和重合，隔离故障。调控员应认真分析故障信息，确认停电范围和故障可能位置，并将以上信息告知配电人员，加快寻找故障点速度。

（3）开关遥控时，遥控功能无法执行，配调值班员通知自动化运维班检查处理，若故障短时无法排除，需通知人员现场操作。

（4）开关遥控操作后，发现开关遥信、遥测不匹配时，即无法通过"双确认"确认开关状态时，配调值班员通知自动化运维班检查处理，并通知配电人员去现场确认。

（5）调度台配电自动化系统工作站出现不正常运行或监视到错误信息，配调值班员通知自动化运维班检查处理。

（6）自动化开关一次设备故障，现场设备运维人员应明确自动化功能是否受影响。如短时无法恢复时，应将自动化功能退出，现场与调度均做好记录，并尽快处理。

（7）配网故障跳闸或急停检修时，配调将与检修设备相邻的各侧可能来电的开关均改为冷备用（如与变电站出线开关相邻，需将变电站出线改为检修），运维单位操作人员现场做好停电开关的闭锁工作。

（8）调控值班人员通过遥控操作开关，进行运行方式调整或负荷转供的合环倒闸操作时，如出现开关遥控分闸失败，调控值班人员应视情况遥控拉开原合环开关或相邻开关（或变电站相关出线开关），避免长期并列运行。由配电运行人员现场操作拒分开关。

5. 配电自动化新设备投运、退役管理

（1）配电自动化设备投运实施"验收一个、投运一个"的原则，设备投运计划提前五个工作日报配网调控机构。

（2）配电自动化集中验收时，运维单位应将一次设备图纸、二次设备参数、信息表资料提前三个工作日报配网调控机构。

（3）运维单位提出验收申请，计划投运设备在集中点与自动化主站调试完毕后，配网调控机构按照信息表进行验收，设备投运当日，配网调控机构再次进行现场设备开关遥控操作的验收，并对相关信息进行核对。遥控功能测试的安全性由现场运行人员负责，遥控操作的正确性由调控值班人员负责。

（4）配电自动化设备退役及变更由运维单位提前三个工作日书面报配网调控机构。

**（二）线路 FA 功能运行管理要求**

1. 针对集中式馈线自动化，应将 FA 功能的启/停用、模式切换纳入调度操作票统一管理，并做好 FA 功能启/停用、模式切换的权限管理。

（1）下列情况应停用 FA 功能或切至交互模式：

① 配网线路本身或者所属变电站开关间隔检修，应将该线路 FA 功能停用。

② 变电站 10（6、20）kV 母线检修，应将该母线上所有配网线路 FA 功能停用。

③ 线路串供母线，应将串供线路两侧 FA 功能停用，被串供母线上其他线路 FA 功

能停用或切至交互模式。

④ 针对投入全自动FA功能的线路，应加强变电站间隔及线路的日常巡视，如发生影响FA执行的情况，应将该线路FA功能由自动模式切至交互模式。

⑤ 针对变电站已改为小电阻接地方式，但配网线路终端不具备零序电流识别功能的，应将FA功能切至交互模式。如FA功能定位为首端故障，应首先通知现场巡线，未找到故障点不得转供负荷，避免扩大故障范围。

⑥ 调度自动化主站、配电自动化主站重要服务器（SCADA/FES服务器）升级改造过程中，应将FA功能停用或切至交互模式。

⑦ 线路发生故障时，若FA不启动，应立即将该线路FA功能停用。全自动FA执行过程中，若发现控制策略错误，应立即人工干预暂停执行，并将该线路FA功能停用。正常运行时，如单条线路FA误启动或频繁启动，应立即将该线路FA功能停用；如多条线路FA误启动或频繁启动，应立即将所有线路FA功能停用。针对FA不启动、控制策略错误、FA误启动或频繁启动，均应查明原因，并消除隐患，否则不得再次启动FA功能。

（2）运行方式调整、停送电操作等，应在相关线路FA功能停用状态下进行。启用线路FA功能前，应核对该线路非自动化开关置位状态与现场一致，处于分位状态的自动化开关已挂分位牌，配电终端无遗留缺陷。图模异动再次启用FA功能的，应经主站注入法测试无误。

（3）集中式馈线自动化运行状态的切换，仅可支持"在线—离线—仿真"或"仿真—离线—在线"切换，在线状态与仿真状态之间不能直接切换。调度工作站仅可支持"在线—离线"或"离线—在线"切换，运维工作站仅可支持"离线—仿真"或"仿真—离线"切换。

2. 采用参数配置通知单的方式规范FA功能参数配置，明确编制人、审核人、批准人、执行人、复核人等内容，配电自动化FA功能版本升级、参数变更等应重新出具参数配置通知单，并告知调控运行人员。

3. 调控运行人员应熟练掌握FA功能的控制策略，针对每一起FA误启动、未启动以及正常启动执行的，均要开展详细案例分析。加强日常培训，积累运行经验，完善防误措施，提升应急处置能力。根据运行经验，全面梳理三遥终端有效覆盖情况，提出三遥终端布点建议，联络开关、大分支开关、重要分段（主干线至少2～3个）应具备三遥功能。

## 第四节　调控操作管理

### 一、一般原则

电力系统的调度操作，根据调度管辖范围划分，应按照"调度指令、委托操作、操作许可"三种方式进行调度操作管理。凡属配调管辖的设备的操作必须按照配网调控员的指令执行。属上级调度许可设备，操作前必须得到上级调度运行值班人员的许可。在同一发电厂、变电站如遇多级调度同时发布操作指令时，配调应服从地调协调，按重要性、迫切性决定先执行哪一方的操作指令。

配网调控员发布调度操作指令分为口头和书面两种方式，下达操作任务分为综合操作和逐项操作两种形式。正常情况下，必须以书面方式预先发布操作任务票，才能正式发令操作。在紧急情况或事故处理时，可采用口头指令方式下达。综合操作仅适用于涉及一个单位而不需要其他单位协同进行的操作，其他操作采用逐项操作的形式。

配网调控员在进行倒闸操作前须做到以下几项：

（1）明确操作目的，核对现场实际情况，发令任务经同值人员审核确认，务使操作顺序正确。

（2）充分考虑系统运行方式、潮流、频率、电压、相位、稳定、备用、短路容量、主变中性点接地方式、继电保护及安全自动装置、雷季运行方式、消弧线圈以及自动化、通信等各方面影响。

（3）预发操作任务票：正常操作，原则上由上一值预发（启动操作任务票除外），预发时应明确操作目的和内容，预告操作时间。临时决定的操作尽可能提前预发。凡涉及到两个及以上单位协同进行的操作，或者后一项操作需要前一项操作完成之后再由系统运行方式变化情况决定的，应将操作任务票分别填写。

现场操作人员应根据值班调控员发布的操作任务票，结合现场实际情况，按照有关规程规定负责填写具体的操作票，并对填写的操作票中所列一次操作及二次部分调整内容、顺序等正确性负责。正式操作时，接令操作人员根据现场设备的实际情况，认真审核操作票，确保正确无误，具备操作条件后，向当值值班调控员申请操作。

进行倒闸操作时必须严格执行发令、复诵、监护、汇报、记录和录音制度，并使用普通话和统一的调度、操作术语。发令受令双方应明确发令时间、完成时间以表示操作始终。

系统中的正常操作，一般在系统低谷或潮流较小时安排，并尽可能避免在下列情况下进行：

（1）值班人员在交接班时。

（2）高峰负荷时。

（3）系统发生故障时。

（4）有关联络线输送功率达到暂态稳定限额时。

（5）该地区有重要保电时。

（6）恶劣天气时。

（7）电网有特殊要求时。

（8）改善系统运行状况的重要操作应及时进行，但必须有相应的安全措施。

各单位运维人员在进行设备操作时，应严格遵守电力安全工作规程中有关电力线路和电气设备的工作许可、工作终结制度。

## 二、基本操作

### （一）合环与解环操作

（1）合环操作原则上相位应相同，操作前应考虑合环点两侧的相角差和电压差，以确保合环时环路电流不超过继电保护、系统稳定和设备容量等方面的限额。较复杂的两系统合环操作，且又无运行经验时，宜先进行潮流计算，以决定是否可行。

如估计潮流较大有可能引起过流动作时，可采取下列措施：

① 将可能动作的保护停用。

② 在预定解列的断路器设解列点（必要时可更改定值），并通知运行值班员在现场注意潮流变化和保护动作情况。

③ 合环开关两端电压差调至最小。

④ 合环操作时，如果电压差或相角差较大，估算环流较大时，可用改变系统参数来降低环流或同时采用上述办法。

（2）解环操作应考虑解环后，潮流的重新分布能满足继电保护和系统设备容量的限额，并确保解环后系统有关部分电压应在规定范围之内。

（3）涉及上级管辖或许可设备的合环操作，在操作前应经上级值班调控员的同意；当上级值班调控员得知系统发生故障造成下级管辖电网不满足合环条件时，应主动告知下级值班调控员。

**（二）断路器操作**

（1）断路器可以分、合负荷电流和各种设备的充电电流以及额定遮断容量以内的故障电流。

（2）操作前应按照现场规程对断路器进行检查，确认断路器性能良好。

（3）断路器合闸前，应检查继电保护已按规定投入。断路器合闸后，应确认三相均已接通，自动装置已按规定放置。

（4）断路器使用自动重合闸时，应考虑断路器切断故障电流的次数。按规定若允许故障跳闸次数仅有一次，如需继续运行，应停用该断路器的重合闸。

（5）运行中的断路器如有严重缺陷而不能跳闸时，应尽快隔离处理。

（6）油断路器在故障跳闸后，虽未达到跳闸允许次数，但喷油严重，应由设备单位认定能否送电。

（7）10kV柱上断路器只能进行系统正常情况下的转移负荷和合解环操作，以及正常线路检修所需的停送电操作，其他情况下的操作一般需停电进行。若线路故障抢修后，工作负责人确认已无接地及短路故障，则可用柱上断路器直接对线路恢复送电，以提高供电可靠率。

**（三）隔离开关操作**

允许用隔离开关操作的范围如下：

（1）在无接地示警指示时，拉开或合上电压互感器。

（2）在无雷击时拉开或合上避雷器。

（3）拉开或合上220kV及以下空载母线或旁路母线。

（4）在无接地故障时，拉开或合上变压器中性点或消弧线圈。

（5）在本变电站的解合环操作（但此时必须确认断路器三相完全接通，且必须将环路中断路器改为非自动）。

（6）可以拉合充电电流在5A以下的空载线路。

（7）上述设备如长期停用时，在未经试验前不得用隔离开关进行充电；上述设备如发生异常运行时，除有特殊规定可以远控操作的，其他不得用隔离开关操作。

### （四）母线操作

（1）向母线充电应使用具有反映各种故障类型的速动保护的开关进行。在母线充电前，为防止充电至故障母线可能造成系统失稳，必要时先降低有关线路的潮流。

（2）向母线充电时，应注意防止出现铁磁谐振或因母线三相对地电容不平衡而产生的过电压。

（3）倒换母线操作时应注意：

① 母联开关应改为非自动（由运维人员自行操作，并订入现场规程中）。

② 母差保护不得停用并应作好相应的调整。

③ 各组母线上电源与负荷分布的合理性。

④ 一次结线与电压互感器二次负载是否对应（由运行人员自行掌握）。

⑤ 一次结线与保护二次交直流回路是否对应。

⑥ 双母线中停用一组母线，在倒母线后，应先拉开空出母线上电压互感器次级开关，后拉开母联开关，再拉开空出母线上电压互感器一次隔离开关。

### （五）线路操作

（1）线路停、送电操作，应考虑因机构失灵而引起非全相运行造成系统零序保护的误动作，正常操作必须采用三相联动方式。

（2）线路的停、复役操作应包括其线路电压互感器在内，当线路电压互感器高压侧与线路之间有隔离开关时，应由调控发令。若电压互感器高压侧与线路之间无隔离开关时（包括仅有高压熔丝），则由现场值班员自行掌握。

（3）新设备投入或检修后相位可能变动的设备应进行核相。

（4）计划检修停电操作，严禁在公告时间之前对馈电线路发令操作。临时停电抢修，线路停电前值班调控员应通知由政府部门批准的重要用户，停电后应及时发布停电信息。

（5）有消弧线圈补偿的系统，在线路投入、停用或运行方式改变前，应考虑消弧线圈的补偿。

（6）线路停电时，应注意：

① 正确选择解列点或解环点。

② 馈电线路的操作，一般先拉开受电端断路器，再拉开送电端断路器。送电时操作顺序相反。

（7）线路送电时，应注意：

① 应避免由发电厂侧先送电。

② 充电断路器必须具备完整的继电保护（应有手动加速功能），并具有足够的灵敏度。

③ 必须考虑充电功率可能引起的电压波动或线路末端电压升高。

（8）对装于出线上的电容式电压互感器或耦合电容器的电压抽取装置，应视为线路电压互感器，此操作由现场变电运行值班员自行负责。

（9）线路工作要求：

线路停电检修应提前通知该线路重要用户及双电源用户，使其做好停电准备，双电源用户则要求在停电工作时间前将负荷切换至非工作线路，防止其倒送电。

(10) 带电作业有下列情况之一者，应停用重合闸，并不准强送电：

① 中性点有效接地的系统中有可能引起单相接地的作业。

② 中性点非有效接地的系统中有可能引起相间短路的作业。

③ 工作票签发人或工作负责人认为需停用重合闸的作业。禁止约时停用或恢复重合闸。

**（六）变压器操作**

(1) 变压器并列的条件：结线组别相同，变比相同，短路电压相等。

(2) 在任何一台变压器不会过负荷的条件下，允许将短路电压不等的变压器并列运行，必要时应先进行计算。

(3) 变压器投运时，应选择励磁涌流影响较小的一侧送电。先从高压侧充电，后合负荷侧断路器。停电时操作顺序相反。

(4) 向空载变压器充电时，应注意下列三点：

① 充电断路器应有完备的继电保护，并有足够的灵敏度。同时应考虑励磁涌流对系统继电保护的影响。

② 变压器各侧中性点接地开关均应合上。

③ 充电后应检查变压器各侧电压，不宜超过其相应分接头电压的5%。

(5) 运行中的变压器，其中性点接地的数目和地点应按继电保护的要求设置。

(6) 运行中的三绕组变压器，若一侧断路器拉开，则该侧中性点接地开关应合上。

(7) 运行中的变压器中性点接地开关如需倒换，应先合上另一台变压器的中性点接地开关，再拉开原来一台变压器的中性点接地开关。

(8) 新投产或检修后可能影响相位正确性的变压器应进行定相和核相。

新投产的变压器进行充电时，应将变压器的全部保护装置投入跳闸。待充电正常、核相正确、带负荷之前再将相关保护停用。

# 第五节　配电网设备接入管理

## 一、新设备接入管理

(1) 凡并入电网的新建、扩建或改建的设备，在设计审查前，主管单位应将设计项目的有关资料提供给配网调控机构，以便相关人员进行研究，并对设计提出意见或建议。

(2) 新设备在投入运行前，由设备运行、工程主管、营销等部门向配网调控机构提供投入系统运行的有关资料。

(3) 新设备（包括用户设备）启动前必须具备下列条件：

① 该工程已全部按照设计要求安装，调试完毕、具备投运条件，验收质检（包括主设备、继电保护及安全自动装置、电力通信、调度自动化设备等）已经结束，质量符合安全运行要求，且新设备投运手续齐全。

② 现场生产准备工作就绪。

③ 现场具备启动条件，且调度关系已明确。

④ 相关合同、技术管理协议等已经签订。

（4）新设备由设备主管单位（成立了启动验收委员会的应得其"可以投运"的确认）认为可以启动，自向值班调控员汇报时起，即属于调度管辖（许可）设备，未经申请批准（或虽经批准），但在未得到值班调控员指令或同意前，不得进行任何操作和工作，严禁自行将新设备投入电网运行。

（5）在新设备投入运行前，配网调控机构应做好下列工作：

① 修改相关自动化系统画面及有关图表。

② 修改调度接线图。

③ 修改继电保护及安全自动装置定值配置。

④ 健全设备资料档案。

⑤ 修改有关调控运行规定或说明。

⑥ 有关人员应熟悉现场设备及规程、图纸资料、运行方式，并做好事故预想。

⑦ 与新设备投运有关的内容。

（6）设备的停役、退役以及高压电力用户改建、增容、迁移或停用，均应办理书面手续。

（7）属下列情况之一者，应办理新设备投入运行申请手续，并报调控机构：

① 新接入系统运行设备（包括新建、扩建、改建）。

② 改变系统主接线或变更高压设备安装地点。

③ 新装高压电力用户或原有高压电力用户增容、扩建或改变电源。

④ 已经退役的设备重新恢复运行。

（8）对涉及配电设备单线图模型变更的配电自动化监控信号接入（变更），配电运检单位需在生产管理系统（PMS）中提交单线图，经配网审核、配电网调度技术支持系统主站图模更新成功后，配网调控机构在规定时间内完成主站端的数据维护、画面制作、数据链接、通道调试等工作。配电终端信息接入管理：

① 配电运检单位提交的监控信息表应满足典型信息表的规范化要求，监控信息表中的设备名称应使用正式的调度命名。

② 配电终端典型监控信息表应包含"三遥"点表、终端厂家、终端类型、通信接入方式、IP 地址等内容。

③ 配网调控机构收到配电网调度技术支持系统监控信息接入申请和信息表后应对信息表进行审核，提出修改意见。

④ 配电运检单位应根据调控机构意见修改信息表，并重新履行审核手续。

⑤ 信息表经审核通过后，由配网调控机构负责将信息表录入配电网调度技术支持系统。

（9）客户工程竣工要接入系统运行时，需由营销部门提前向配网调控机构书面提供如下资料，经审签后方可送电：

① 新设备验收合格报告。

② 用户设备参数及电气接线图、新设备投运单等相关资料，必要时需提供《供用电合同》。

③ 客户变电站联系电话，双电源客户变电站还需提供值班人员的名单。
④ 若需停电搭接时，需提出有关的停电申请。

## 二、新设备启动原则

新设备启动应严格按照批准的调度实施方案执行，调度实施方案的内容包括：启动范围、调试项目、启动条件、预定启动时间、启动步骤、继电保护要求、调试系统示意图等。

设备运检单位应保证新设备的相位与系统一致。有可能形成环路时，启动过程中必须核对相位；不可能形成环路时，启动过程中可以只核对相序。厂、站内设备相位的正确性由设备运检单位负责。

在新设备启动过程中，相关设备运检单位和配网调控机构应严格按照已批准的调度实施方案执行并做好事故预想。现场和其他部门不得擅自变更已批准的调度实施方案；如遇特殊情况需变更时，必须经配网调控机构同意。

在新设备启动过程中，调试系统保护应有足够的灵敏度，允许失去选择性，严禁无保护运行。

### （一）变电设备启动原则

1. 断路器启动原则

（1）用外来电源（无条件时可用本侧电源）对开关冲击一次，冲击侧应有可靠的一级保护，新开关非冲击侧与系统应有明显断开点。

（2）必要时对开关相关保护做带负荷试验。

（3）电容器的开关冲击前应将电容器与开关断开。

（4）6~35kV设备（不含线路和变压器）若投运前已完成相关的耐压试验，在电网条件不允许时，可不经冲击直接送电。

2. 母线启动原则

（1）用外来电源（无条件时可用本侧电源）对母线冲击一次，冲击侧应有可靠的一级保护。

（2）冲击正常后新母线电压互感器二次侧需做核相试验。

（3）母线扩建，可采用带有电流保护的母联开关对新母线进行冲击。

3. 变压器启动原则

（1）35kV电压等级变压器可用高压侧电源对新变压器冲击五次，冲击侧电源宜选用外来电源，采用两只开关串供，冲击侧应有可靠的两级保护。

（2）冲击过程中，新变压器所有保护均启用，方向元件短接退出。

（3）冲击新变压器时，保护定值应考虑变压器励磁涌流的影响。

（4）冲击正常后，新变压器低压侧必须核相，变压器保护需做带负荷试验。

4. 电流互感器启动原则

（1）优先考虑用外来电源对新电流互感器冲击一次，冲击侧应有可靠的一级保护，新电流互感器非冲击侧与系统应有明显断开点。

（2）若用本侧母联开关对新电流互感器冲击一次时，应启用母联保护。

（3）冲击正常后，相关保护需做带负荷试验。

5. 电压互感器启动原则

（1）优先考虑用外来电源对新电流互感器冲击一次，冲击侧应有可靠的一级保护，新电流互感器非冲击侧与系统应有明显断开点。

（2）若用本侧母联开关对新电流互感器冲击一次时，应启用母联保护。

（3）冲击正常后，相关保护需做带负荷试验。

**（二）配电线路启动原则**

（1）35kV及以下线路需全电压冲击一次，采用可靠的一级保护。

（2）冲击正常后必要时做相关定、核相试验。

### 三、调控验收及启动

**（一）调控验收**

调控人员负责对设备运检单位提供的信息表进行审核，对于审核发现的问题，应与提供信息表的单位进行确认。信息表通过审核后提交给自动化人员进行数据库维护、画面制作、数据链接等生产准备工作。

（1）验收前由变电运维人员会同检修人员做好相关安全措施。

（2）验收时应按照信息表内容逐条进行验收，并做好记录。

（3）验收过程中发现问题，应联系主站端自动化人员、现场人员配合检查。

（4）验收过程中如需修改信息表，应经参与验收的各方共同确认。

（5）值班调控员还应对监控画面和主站系统功能进行验收，包括接线图画面、光字牌画面、数据链接关系、信号分类是否正确，事故推图等是否正常，发现问题联系主站端自动化人员处理。

（6）验收过程中设备运检单位应对站端信息的正确性负责，调控人员应对监控端信息的正确性负责。

（7）验收完毕后，由值班调控员、配合验收人员共同对验收情况及遗留问题进行确认，值班调控员完成验收报告，包括验收时间、验收内容、验收人员姓名、验收结论、遗留问题及整改意见等。

**（二）配电终端信息验收**

（1）配电终端监控信息联调验收前应具备以下条件：

① 调控机构已完成监控信息表录入配电网调度技术支持系统工作。

② 通信通道正常可靠。

③ 配电运检单位已完成配电自动化设备现场验收工作。

（2）配电终端监控信息接入验收时，调控机构值班调控员通过监视画面和告警信号与现场配电运检人员逐一核对设备遥测量、遥信信号、遥控状态是否正确。

（3）验收过程中调控机构和配电运检单位应同步做好验收记录；如发现问题，应由现场立即处理，处理完毕后重新验收。

（4）配电终端监控信息接入工作结束后，调控机构验收人员应记录验收遗留问题、整改措施、验收结论等，并将相关验收资料归档保存。

**（三）启动要求**

（1）调控验收合格后，新设备方可启动。

（2）新设备启动结束，由运维人员汇报值班调控员，双方核对新设备运行情况正常、信号一致后，值班调控员正式承担新设备调控职责。

# 第六节　配电网事故处理

## 一、事故处理一般原则

（1）配网调控员是所辖电网事故处理的指挥者，应对事故处理的正确性负责，在处理事故时应做到以下几项：

① 尽速限制事故发展，消除事故的根源并解除对人身和设备安全的威胁。

② 根据系统条件尽可能保持设备继续运行，以保证对用户的正常供电。

③ 尽速对已停电的用户恢复供电，对重要用户应优先恢复供电。

④ 调整电力系统的运行方式，使其恢复正常。

（2）在处理系统事故时，相关现场运维人员应服从配网调控员的统一指挥，正确迅速地执行配网调控员的调控指令。涉及上级调度管辖设备，配网调控员应服从地调值班调度员的统一指挥。配调管辖范围内的设备，凡涉及对系统运行有重大影响的操作，均应得到配网调控员的指令或许可，符合下列情况的操作，现场运维人员可以自行边处理，边扼要报告，事后再作详细汇报。

① 将直接对人员生命有威胁和可能造成重大设备损坏的设备停电。

② 确知无来电的可能性，将已损坏的设备隔离。

③ 整个发电厂或部分机组因故与系统解列，在具备同期并列条件时恢复与系统同期并列。

④ 发电厂厂用电部分或全部失去时恢复其厂用电源。

⑤ 线路开关由于误碰跳闸，立即恢复供电或鉴定同期并列（或合环）。

⑥ 装有备自投装置的变电站，当备自投装置拒动时，现场运维人员可以不经值班调控员同意，立即手动模拟备自投操作。（有备自投闭锁信号动作的除外）

⑦ 其他在调度规程及现场规程中规定可以自行处理者。

（3）系统事故处理的一般规定有：

① 在保证不失去保护的前提下，先调整一次方式，保证供电，再考虑保护、重合闸的配合及备自投装置的投、退。

② 系统发生事故或异常时，相关现场运维人员应立即向相应管辖单位的值班调控员报告概况，待弄清情况后，再尽快详细汇报。汇报内容包括事故发生时间及现象，设备的名称、编号、继电保护、自动装置及故障录波器动作情况（保护及自动装置汇报内容应包括：保护出口动作情况、信号掉牌情况、重合闸动作情况、故障测距情况及故障录波器动作情况等）和频率、电压、潮流的变化等，值班调控员根据事故情况按有关规程进行处理。

③ 为迅速处理事故和防止事故扩大，上级调度运行值班人员必要时可向下级越级发布指令，但事后应尽快通知配网调控员。

④ 事故处理时，应立即停止相关系统内的正常操作，处理过程中，可不填写操作

任务票，而以口头指令发布，必须严格执行发令、复诵、监护、汇报、录音及记录制度，使用统一调度术语和操作术语。

⑤ 处理事故时，值班调控员可以邀请其他有关专业人员到调控大厅协助处理事故。凡在调控大厅内的人员都要保持肃静。

⑥ 非事故单位不应在事故当时向值班调控员询问事故情况，以免影响事故处理。

⑦ 对于设备的异常和危急情况的反映及设备能否坚持运行，是否需要停电处理等，应以现场报告和提出的要求为准。报告者应对其报告的情况和提出要求的正确性负责。

⑧ 开关允许切除故障的次数应在现场规程中规定，开关实际切除故障的次数，现场运维人员应作好记录并保证正确，开关跳闸后，能否送电或需要停用重合闸，现场运维人员应根据现场规程规定，向值班调控员汇报并提出要求。

⑨ 值班调控员在事故处理后应及时填写事故记录。调度部门领导或调控班长应及时组织讨论并总结事故处理的经验教训，采取必要的措施。

⑩ 事故处理中，允许部分设备（线路、变压器）短时间过负荷，可按运行规程的规定处理。

⑪ 事故处理中，若故障设备与上级调度管辖设备有关，而与本地区供电无直接关系，现场运维人员应首先向上级调度汇报，并及时向配调汇报；若事故严重影响地区供电负荷，则首先汇报配调，以便及时处理（凡涉及对系统运行有影响的操作均应得到上一级调度运行值班人员的指令或许可），事故发生后，现场运维人员在离开控制室进行操作或巡视时，应设法与调度保持联系。

## 二、电网紧急情况下拉限电的处理

（1）配网调控员在电网因发电、供电系统发生重大故障需要停电、限电时（如系统解列、频率电压降低、联络线及输变电设备严重过载和威胁电网安全运行），必须按照相关的拉限电序位表予以拉限电，配网调控员发布的拉限电指令不得与地调发布的拉限电指令相抵触，发生拉限电后立即与营销部门联系，告知拉限电的原因。引起停电或者限电的原因消除后，配网调控机构应当尽快恢复供电。

（2）配网调控员发布的拉限电线路，其他单位不得自行（送出）转移，若自行（送出）转移或不执行调控指令的，由此造成电网事故扩大的后果，由该单位承担。

（3）若因电网事故，被上级调度拉闸限电后，确已威胁到人身和重要用户的安全以及造成重大政治影响等特殊情况时，可以及时向上级调度提出，但应按上级调度重新发布的指令或要求执行。

## 三、主变压器及电压互感器的故障处理

（1）变压器开关跳闸时，值班调控员应根据变压器保护动作情况进行处理。

1）重瓦斯和差动保护（或速切保护）同时动作跳闸，未查明原因和消除故障之前不得强送。

2）重瓦斯或差动保护（或速切保护）之一动作跳闸，如不是保护误动，在检查外部无明显故障，经过瓦斯气体检查（必要时还要测量直流电阻和色谱分析），证明变压

器内部无明显故障后，经公司分管领导同意，可以试送一次。有条件者，应进行零起升压。

3) 变压器后备保护动作跳闸，除对变压器和母线作外部检查外，还应检查出线开关保护是否动作，若经检查变压器外部无异状时，可以试送一次。

① 如果出线开关保护动作，而该开关未跳闸，则应拉开此开关，然后试送变压器。

② 如果出线开关保护均未动作，则应拉开所有出线开关，然后试送变压器，试送成功后再逐路试送各出线。

③ 在出线开关跳闸的同时，主变的该侧开关亦跳闸，如出线开关重合成功，则应拉开该出线开关后，变压器侧开关可试送一次。

（2）变压器开关跳闸，如有备用变压器，在隔离故障点后，应迅速将备用变压器投入运行。

（3）变压器过负荷时，值班调控员应尽快调整方式降低该主变负荷，正常过负荷或事故过负荷按有关规定执行。无法降低负荷并持续过负荷超过规定时间时按紧急拉路顺序执行。确认变压器是过负荷跳闸，可以试送一次。

（4）变压器轻瓦斯动作发信号，值班调控员应通知运维人员检查处理。

（5）运行中变压器发生下列情形之一，立即安排停役。

① 变压器内部音响大，有异常爆裂声。

② 在正常负荷和冷却条件下，变压器温度不正常并不断上升。

③ 储油柜或压力释放阀动作喷油。

④ 严重漏油使油面下降，低于油位计的指示限度。

⑤ 油色变化过甚，油内出现碳质等。

⑥ 套管有严重的破损和放电现象。

⑦ 变压器起火或大量漏油。

⑧ 其他严重情况。

（6）变压器冷却系统全停时的处理原则如下。

① 油浸风冷变压器上层油温不超过55℃时可在额定负荷下运行，超过55℃时与环境温度相关，参照有关规定。

② 强油循环风冷变压器在额定负荷下允许运行20min，如油温未达到75℃可继续运行，允许上升至75℃，但切除冷却器后运行不得超过1h。

③ 自然循环风冷或自冷的变压器，顶层油温最高不得超过95℃；强油循环风冷变压器顶层油温最高不得超过85℃。

④ 值班调控员应根据变压器冷却系统全停时规定的最高顶层油温或允许运行时间，采取紧急转移负荷、拉限负荷或停运变压器等措施，以防主变损坏。

（7）电压互感器发生异常并且经运行维护单位确认可能发展成故障要求停用时，其处理原则如下。

① 电压互感器高压侧隔离开关可以远控操作时，应用高压侧隔离开关远控隔离。

② 无法采用高压侧隔离开关远控隔离时，应用开关切断该电压互感器所在母线的电源，然后再隔离故障的电压互感器。

③ 禁止用近控的方法操作该电压互感器高压侧隔离开关。
④ 禁止将该电压互感器的次级与正常运行的电压互感器次级进行并列。
⑤ 禁止将该电压互感器所在母线保护停用或将母差保护改为非固定连接方式（或单母方式）。
⑥ 在操作过程中发生电压互感器谐振时，应立即破坏谐振条件，并在现场规程中明确。

### 四、变电站母线故障和失电的处理

（1）当母线故障停电后，现场运维人员应立即汇报值班调控员，并对停电的母线进行外部检查，尽快把检查的详细结果报告值班调控员，值班调控员按下述原则处理：
① 不允许对故障母线不经检查即行强送电，以防事故扩大。
② 找到故障点并能迅速隔离的，在隔离故障点后应迅速对停电母线恢复送电，有条件时应考虑用外来电源对停电母线送电，联络线要防止非同期合闸。
③ 找到故障点但不能迅速隔离的，若系双母线中的一组母线故障时，应迅速对故障母线上的各元件进行检查，确认无故障后，冷倒至运行母线并恢复送电。联络线要防止非同期合闸。
④ 经过检查找不到故障点时，应用外来电源对故障母线进行试送电，禁止将故障母线的设备冷倒至运行母线恢复送电。发电厂母线故障如条件允许，可对母线进行零起升压，一般不允许发电厂用本厂电源对故障母线试送电。
⑤ 当 GIS 设备发生故障时，必须查明故障原因，同时将故障点进行隔离或修复后对 GIS 设备恢复送电。

（2）发电厂、变电站母线失电是指母线本身无故障而失去电源，判别母线失电的依据是同时出现下列现象：
① 该母线的电压表指示消失；
② 该母线的各元件负荷消失（电流表、功率表指示为零）；
③ 该母线所供厂（所）用电失去。

（3）正常由单一电源供电的变电站、母线失电后，应及时通知运维人员进行现场检查。对多电源变电站母线失电，在确定母线失电不是变电站母线故障引起时，为防止各电源突然来电后引起非同期并列，值班调控员按下述要求自选处理：
① 单母线应保留一主电源开关，其他开关（包括主变和馈线开关）全部拉开。
② 双母线（或单母线分段），应首先拉开母联（或分段）开关，然后在每组母线上只保留一个主电源开关，其他开关（包括主变和馈线开关）全部拉开。

### 五、断路器及隔离开关异常的处理

（1）开关异常指由于开关本体机构或其控制回路缺陷而造成的开关不能按调控或继电保护及安全自动装置指令正常分合闸的情况，主要考虑开关远控失灵、闭锁分合闸、非全相运行等情况。
（2）开关发生下列情况时应立即停下处理。
1）开关本体

① 运行中的电气设备有异味，异常响声（漏气声，振动声，放电声）。
② 落地罐式开关和 GIS 防爆膜变形或损坏。
③ $SF_6$ 开关气体泄漏至报警值。
④ $SF_6$ 气体管道破裂。
2）操作机构
① 操作机构卡涩，运行中发生拒合、拒跳或误分误合的现象。
② 拐臂、连杆、拉杆松脱、断裂。
③ 端子排爬电；接线桩头松动、发热或脱落。
④ 操作回路熔丝座损坏。
⑤ 连杆有裂纹。
⑥ 机械指示失灵。
3）液压机构
① 压力异常或分合闸闭锁。
② 严重漏油、喷油、漏氮。
(3) 开关远控操作失灵，允许开关可以近控分相和三相操作时，应满足下列条件：
① 现场规程允许。
② 确认即将带电的设备（线路、变压器、母线等）应属于无故障状态。
③ 限于对设备（线路、变压器、母线等）进行空载状态下的操作。
(4) 线路开关正常运行发生闭锁分合闸的情况，应采取以下措施：
① 有条件时将闭锁合闸的开关停用，否则将该开关的综合重合闸停用。
② 将闭锁分闸的开关改为非自动状态，但不得影响其失灵保护的启用。
③ 采取旁路开关代供或母联开关串供等方式隔离，在旁路开关代供隔离时，环路中开关应改非自动状态。
④ 特殊情况下，可采取该开关改为馈供受端开关的方式运行。
(5) 母联及分段开关正常运行发生闭锁分合闸的情况，应采取以下措施：
① 将闭锁分合闸的开关改为非自动状态，母差保护做相应调整。
② 双母线母联开关，优先采取合上出线（或旁路）开关两把母线隔离开关的方式隔离，否则采用倒母线方式隔离。
(6) 开关发生非全相运行时，应立即将该开关拉开；非全相运行的线路不得与正常运行的线路进行合、解环操作。
(7) 运行中的隔离开关如发生引线接头、触头发热严重等异常情况，应首先采取措施降低通过该隔离开关的潮流（禁止采用合另一把母线隔离开关的方式），必要时停用隔离开关处理。如需操作该隔离开关，必须经设备运检单位现场检查确认其安全性，否则不得进行操作。
(8) 运行中的隔离开关如发生重大缺陷不能操作，并经设备运检单位确认需紧急停用时，应采用调度停电的方式隔离。
(9) 隔离开关在操作过程中发生分合不到位的情况，现场运维人员应首先判断隔离开关断口的安全距离。当隔离开关断口安全距离不足或无法判断时，则应当在确保安全情况下对其隔离。

## 六、配电线路的事故处理

(1) 35kV 及以下非纯电缆线路事故处理一般原则：

① 线路跳闸后，现场运维人员必须对故障跳闸线路的有关设备进行外部检查，确认是否可以正常送电。

② 遮断容量不足或需要在就地操作的开关，在未查出故障并加以消除前不得进行试送。

③ 35kV 及以下的线路开关跳闸，重合不成时，原则上不得强送。

(2) 强送电前应考虑：

① 强送电的开关要完好，且有完备的继电保护。

② 正确选择强送端进行强送。

③ 对可分段线路是否分段试送。

④ 开关跳闸次数不超过允许次数。当线路开关跳闸次数已达到规定和遮断容量不足的开关跳闸后，不得进行强送电。

⑤ 线路及其所供下级变电站无小机组并列。

⑥ 除上述考虑之外，还应参照线路送电注意事项进行。

(3) 35kV 及以下馈供线路事故处理的原则：

① 有单电源重要用户的线路故障跳闸重合不成，经请示领导同意后，允许强送一次。

② 无人值班变电站，当重合闸装置原处于投入状态，无法得到保护装置动作信息时，不得强送。

③ 无人值班变电站，如有保电任务（或其他紧急情况）线路故障跳闸重合不成，配网调控员可不经检查开关设备立即进行送电一次。

④ 当线路可以分段送电时，应逐段试送。

⑤ 线路单相接地后跳闸，重合闸失败的，不再强送，可以分段试送。

(4) 全电缆线路事故处理有以下原则：

① 不经巡视不允许对故障线路强送电。

② 经巡视，找到故障点的，在隔离故障点后，可对停电线路试送电。

③ 经巡视，未找到故障点的，视情况可采用逐段试送的办法寻找故障。

④ 特殊情况经领导批准后可试送一次。

(5) 带电作业的线路故障跳闸后，申请带电作业的单位应迅速向值班调控员汇报，值班调控员只有在得到工作负责人的同意后方可进行强送电。工作负责人在现场无论何种原因，发现线路停电后，应迅速与调度联系，说明能否强送电。

(6) 线路事故跳闸后，无论重合或强送成功与否，值班调控员均应通知运行单位巡线，在发布巡线指令时应说明：

① 线路状态（线路是否带电；若线路无电是否已经做好安全措施）。

② 故障时线路保护及安全自动装置动作情况、故障录波器测量数据等情况。

③ 找到故障点后是否可以不经联系立即开始处理。

(7) 线路上有自发电（指有调度关系的小电厂）的线路开关跳闸，必须判明线路无电后才能由系统侧试送一次,试送成功,对侧开关进行同期并列。

### 七、单相接地故障的处理

1. 接地现象分析

(1) 配网调控员接到系统中发生单相接地故障的报告后,应做好记录:三相对地电压值、警报信号表示情况。

(2) 配网调控员对系统接地指示信号和数据应进行全面正确的分析进行处理,一般有以下情况:

① 系统单相接地。

② 电压互感器高压熔丝熔断。

③ 线路断线接地。

④ 消弧线圈补偿不当所引起电压不平衡。

⑤ 谐振过电压引起的虚幻接地。

2. 接地线路查找故障处理

(1) 配网调控员应按以下方法寻找单相接地故障:

① 对双母线双电源并列运行的可用分排的方法,缩小寻找范围,但应考虑主变所带负荷是否过载。

② 拉开运行中的电容器及空充旁路母线的开关。

③ 无"小电流接地选线"装置(或停用)时,可用接地试探的方法寻找。

④ 无接地试探功能及重合闸不投的线路以试拉、合开关的方法寻找。

⑤ 若线路全部检查后仍未找到接地故障,现场运维人员应对母线及有关设备进行详细检查。

(2) 在采用短时停电方法寻找接地线路的过程中,应遵循以下原则:

① 不得用隔离开关切除接地故障的电气设备;不得用隔离开关切除消弧线圈。

② 原则上不得将接地系统与正常系统并列。

③ 若装有小电流接地检测装置,应首先试拉该装置反映的异常线路。其次选择空线、分支线较多且较长的线路。有重要客户的线路放在最后试拉,且在试拉前与其联系。

④ 有发电机并网的线路,应先令发电机解列后再试拉。

(3) 接地线路检出后,若带电巡线未找到接地故障点,必要时可以拉开线路分段开关缩小寻找范围。

① 拉开线路上分段开关后试送。

② 将部分客户及配变拉开后试送。

③ 将部分线路拆头后试送。

(4) 当发生线路断线或断线接地(一般为两相升高或一相升高、两相偏低或接到报告)时,应立即将故障线路切除,以免危及人身、设备安全。

(5) 发生永久性接地故障,现场运维人员应对站内设备进行巡视,配网调控员应通知设备运检单位进行巡线检查,并由营销部门对用户进行查询检查。

(6) 现场运维人员已确定本站某一系统发生接地故障后,应按现场运规对站内接地系统的一次设备进行细致巡查，将接地故障情况和巡查结果报告值班调控员，进行处理。

（7）35kV 及以下系统发生单相直接接地的线路，其最长允许运行时间不得超过 2h（时间从发生单相接地时算起，带接地故障运行时，值班调控员应尽快处理），逾时应将该线路退出运行。查找到故障线路后，原则上不再送电。

（8）35kV 及以下线路开关因故障跳闸重合后或强送后，随即出现单相接地故障时，应将其拉开。

（9）经确认永久接地的线路，配网调控员可以分段试送。

（10）配网调控员接到报告得知该系统某线路断线威胁人身安全时，应立即停电，并通知线路所属单位查处。

3. 配网单相接地智能研判模块

通过接地试拉的方式确定接地线路时，宜使用单相接地智能研判功能模块（以下简称智能研判模块）。

（1）配网调控员应核对智能研判模块自动生成的待选线路与接地母线对应关系正确。

（2）待选线路序列中不含非线路开关（如主变开关、接地变开关、母线分段开关、电容器开关等）。

（3）若线路上有重要用户暂不能试拉，应将此类线路从拉路序列表中移除，其他线路通过智能研判模块先行试拉。若先行试拉未找到接地线路，则通知重要用户做好停电准备，配网调控员再次启动智能研判模块，在拉路序列表中仅保留未试拉的重要用户线路。

（4）应将接地概率最大的线路排在控制序列的最前列。试拉线路序列可按以下顺序确定：

① 空载或备用线路。

② 有明确故障信息的线路。

③ 智能研判模块计算得出或由现场接地选线装置选择的接地线路。

④ 单相接地拉路序位表中其他需试拉的线路。

（5）考虑两条及以上线路同相接地或母线接地，若所有线路开关拉、合后，未查找出接地故障，可经人工确认再次启动试拉，此时智能研判模块每拉开一条线路后不再合上。如果拉开某线路后接地消失，说明该线路为其中一条接地线路，此时智能研判模块逆序试合之前已拉开的线路，试合后接地发生的即为另一条接地线路。如果将所在母线上的所有线路拉开接地仍不消失，则说明接地故障在母线上，研判终止。

4. 消弧线圈异常处理

当消弧线圈发生异常响声、冒烟、喷油、有臭味、温度急剧上升超过规定等，说明消弧线圈内部有故障，必须停用消弧线圈，处理原则如下：

若系统确已无接地故障，且中性点位移电压小于现场规程规定的电压时，可直接拉开消弧线圈隔离开关。

若系统有单相接地故障，或中性点位移电压超过现场规程规定的电压范围时，接有消弧线圈的变压器应先将变压器停用，然后拉开消弧线圈隔离开关；接有消弧线圈的接地变压器应先拉开接地变压器开关，然后拉开消弧线圈隔离开关（接地变压器无高压侧开关时，则需将接地变压器所在母线调度停电）；若接地线路已找到，则拉开该故障线路后，若中性点位移电压小于现场规程规定的电压时，可直接拉开消弧线圈隔离开关，无须停主变。

## 第七节　练习题

### 一、单选题

1. 对采用三相重合闸的线路，当线路发生永久性单相接地故障时，保护及重合闸的动作顺序（　　）。
    A. 选跳故障相，延时重合单相，后加速再跳故障相
    B. 选跳故障相，延时重合单相，后加速跳三相
    C. 三相跳闸不重合
    D. 三相跳闸，延时重合三相，后加速跳三相
    答案：D

2. 以下高压断路器的故障中，最严重的是（　　）。
    A. 断路器打压频繁　　B. 断路器压力降低　　C. 分闸闭锁　　D. 合闸闭锁
    答案：C

3. 强送的定义是（　　）。
    A. 设备因故障跳闸后经初步检查后再送电
    B. 对设备充电并带负荷
    C. 设备带标准电压但不接带负荷
    D. 设备因故障跳闸后，未经检查即送电
    答案：D

4. 隔离开关在运行中出现异常，处理方法为（　　）。
    A. 隔离开关绝缘子外伤严重，绝缘子掉盖、爆炸和刀口熔焊等，应按照领导意见进行处理
    B. 隔离开关发热严重时，应以适当的断路器，利用倒母线或备用断路器倒旁路母线等方式，转移负荷，使其退出运行
    C. 对于隔离开关过热，应设法增加负荷
    D. 如停用隔离开关，可能引起停电并造成损失较大时，现场人员可以不抢修
    答案：B

5. 线路非全相运行时，负序电流的大小与负荷电流的大小关系为（　　）。
    A. 无关　　　　B. 成正比　　　　C. 相等　　　　D. 成反比
    答案：B

6. 电压互感器计量电压空开跳开属于（　　）。
    A. 一般缺陷　　B. 严重缺陷　　C. 危急缺陷　　D. 异常缺陷
    答案：B

7. 以下对于备自投运行的说法中正确的是（　　）。
   A. 备自投应动作而未动作，可模拟备自投动作过程操作一次
   B. 交流电压回路断线不影响装置运行
   C. 备自投动作后又跳闸，可以再试送一次
   D. 直流电源消失对装置运行无影响
   答案：A

8. 下列哪些情况可以不将重合闸停用（　　）。
   A. 断路器遮断容量不足　　　　　　　　B. 线路有人带电工作
   C. 空充线路时　　　　　　　　　　　　D. 重合闸装置异常
   答案：B

9. （　　）是调度命令操作执行完毕的根据。
   A. 现场操作票执行完毕　　　　　　　　B. 完成操作
   C. 向调度汇报操作结束并给出"结束时间"　　D. 操作完毕
   答案：C

10. 电压互感器二次接地属于（　　）。
    A. 都不对　　B. 保护接地　　C. 工作接地　　D. 故障接地
    答案：B

## 二、多选题

1. 在（　　），变压器需要做冲击试验。
   A. 故障后　　B. 大修后　　C. 小修后　　D. 新投运
   答案：BD

2. 母线失电的原因有（　　）。
   A. 线路故障　　B. 断路器拒动　　C. 母线故障　　D. 保护拒动
   答案：ABCD

3. （　　）为调度控制业务的辅助图形。
   A. 系统图　　B. 单线图　　C. 站房图　　D. 环网图
   答案：ACD

4. 地调承担地区电网（含城区配网）调度运行、设备（　　）、继电保护、自动化（含配电自动化主站生产控制大区）、水电及新能源（含分布式电源）、配网抢修指挥、停送电信息报送等专业工作及管理职责。
   A. 方式计划　　B. 系统运行　　C. 集中监控　　D. 调度计划
   答案：BCD

5. 积极推动配电网图模高级应用功能试点建设。已完成配电网图模建设的单位，要积极开展（　　）
   A. 主配网联合反事故演习以及主配一体化的供电路径拓扑分析
   B. 解合环分析决策
   C. 主配一体防误及操作票校核
   D. 停电计划辅助决策及风险分析等高级应用功能建设
   答案：ABCD

6. 遥控操作满足以下条件时，调控人员可实行单人操作：（　　）。

A. 具有视频监控系统　　　　　　　　B. 具备遥控防误闭锁功能

C. 遥控操作判据　　　　　　　　　　D. 自动记录手段

答案：BCD

7. 下列哪些情况下自动重合闸装置不应动作？（　　）。

A. 出口继电器误碰跳闸时

B. 手动合闸由于线路上有故障而随即被保护跳闸时

C. 由值班人员手动跳闸或通过遥控装置跳闸时

D. 继电保护动作时

答案：BC

8. 母线送电原则为（　　）。

A. 需要时也可使用主变开关，但应更改主变保护定值，提高灵敏度，缩短动作时限

B. 试送电断路器应有 0s 跳闸功能

C. 尽可能用外来电源进行试送电

D. 当使用本厂（站）电源试送电时，应首先使用带 0s 充电保护的母联或旁母断路器

答案：ABCD

9. 下列说法正确的是（　　）。

A. 系统图是以变电站为单位，描述变电站之间配电线路联络关系的示意图形，仅包含配电联络线和联络开关。

B. 环网详图是由两条或多条有联络关系的馈线组成，用于展示馈线的环网联络细节情况的图形，包含所联络相关馈线的全部主干、分支线路上调度管辖设备。

C. 单线图是以单条馈线为单位，描述从变电站出线到线路末端或线路联络开关之间的所有调度管辖设备。

D. 环网简图是由两条有联络关系的馈线主干部分组成，用于展示馈线环网主干的联络情况，仅包含所联络相关馈线主干线路上的调度管辖设备。

答案：ABC

10. 监控遥控操作失败时，可能的原因有（　　）。

A. 测控装置就地控制　　　　　　　　B. 分合闸闭锁

C. 控制回路断线　　　　　　　　　　D. 测控装置通信中断

答案：ABCD

# 第七章　配电网方式计划

> **概　述**

本章主要介绍配电网运行方式管理、配电网停电计划管理、配电网带电作业计划管理等内容,包括三个培训模块。Ⅰ级人员应重点掌握配电网运行方式管理;Ⅱ级人员应重点掌握配电网停电计划管理;Ⅲ级人员应重点掌握配电网带电作业计划管理。

## 第一节　配电网运行方式管理

### 一、配电网年度运行方式编制要求

配电网年度运行方式编制应以保障电网安全、优质、经济运行为前提,充分考虑电网、客户、电源等多方因素,以方式计算校核结果为数据基础,对配电网上一年度运行情况进行总结,对下一年度配电网运行方式进行分析并提出措施和建议,从而保证配电网年度运行方式的科学性、合理性、前瞻性。

(1) 应提前组织发展、建设、运检、营销等相关部门开展技术收资工作,保证年度运行方式分析结果准确。

(2) 对于具备负荷转供能力的接线方式,应充分考虑配电网发生 $N-1$ 故障时的设备承载能力,并满足所属供电区域的供电安全水平和可靠性要求。

(3) 应核对配电网设备安全电流,确保设备负载不超过规定限额。

(4) 短路容量不超过各运行设备规定的限额。

(5) 配电网的电能质量应符合国家标准的要求。

(6) 配电网的继电保护和安全自动装置应能按预定的配合要求正确、可靠动作。

(7) 配电网接入分布式电源时,应做好适应性分析。

(8) 配电网运行方式应与主网运行方式协调配合,具备各层次电网间的负荷转移和相互支援能力,保障可靠供电,提高运行效率。

(9) 各电压等级配电网的无功电压运行应符合相关规定的要求。

(10) 配电网年度运行方式应与主网年度运行方式同时编制完成并印发,应对上一年配电网年度运行方式提出的问题、建议和措施进行回顾分析,完成后评估工作。

### 二、配电网正常运行方式安排要求

(1) 应满足优质、可靠供电要求,并与主网运行方式统筹安排,协同配合。

(2) 应结合配电网调度技术支持系统控制方式,合理利用馈线自动化(FA)使配电网具有一定的自愈能力。

(3) 应满足不同重要等级客户的供电可靠性和电能质量要求，避免因方式调整造成双电源客户单电源供电，并具备上下级电网协调互济的能力。

(4) 配电网的分区供电：配电网应根据上级变电站的布点、负荷密度和运行管理需要，划分成若干相对独立的分区配电网，分区配电网供电范围应清晰，不宜交叉和重叠，相邻分区间应具备适当联络通道。分区的划分应随着电网结构、负荷的变化适时调整。

(5) 线路负荷和供电节点均衡：应及时调整配电网运行方式，使各相关联络线路的负荷分配基本平衡，且满足线路安全载流量的要求，线路运行电流应充分考虑转移负荷裕度要求；单条线路所带的配电站或开关站数量应基本均衡，避免主干线路供电节点过多，保证线路供电半径最优。

(6) 固定联络开关点的选择：原则上由运检部门和营销部门根据配电网一次结构共同确定主干线和固定联络开关点。优先选择交通便利，且属于供电企业资产的设备，无特殊原因不将联络点设置在用户设备，避免转供电操作耗费不必要的时间；对架空线路，应使用柱上开关，严禁使用单一隔离开关作为线路联络点，规避操作风险；联络点优先选择具备遥控功能的开关，利台端对设备的遥控操作。因特殊原因，主干线和固定联络开关点发生变更，调度部门应及时与运检部门和营销部门重新确定主干线和联络开关点。

(7) 专用联络线正常运行方式：变电站间联络线正常方式时一侧运行、一侧热备用，以便及时转供负荷、保证供电可靠性。

(8) 转供线路的选择：配电网线路由其他线路转供，如存在多种转供路径，应优先采用转供线路线况好、合环潮流小、便于运行操作、供电可靠性高的方式，方式调整时应注意继电保护的适应性。

(9) 合环相序相位要求：配电网线路由其他线路转供，凡涉及合环调电，应确保相序一致，压差、角差在规定范围内。

(10) 转供方式的保护调整：拉手线路通过线路联络开关转供负荷时，应考虑相关线路保护定值调整。外来电源通过变电站母线转供其他出线时，应考虑电源侧保护定值调整，被转供的线路重合闸停用、联络线开关进线保护及重合闸停用。

(11) 备自投方式选择：

① 双母线接线、单母线分段接线方式，两回进线分供母线，母联/分段开关热备用，备自投可启用母联/分段备自投方式。

② 单母线接线方式，一回进线供母线，其余进线开关热备用，备自投可启用线路备自投方式。

③ 内（外）桥接线、扩大内桥接线方式，两回进线分供母线，内（外）桥开关热备用，备自投可启用桥备自投方式。

④ 在一回进线存在危险点（源），可能影响供电可靠性的情况下，其变电站全部负荷可临时调至另一条进线供电，启用线路备自投方式。处理危险点（源）时应退出备自投装置，待危险点（源）消除后，变电站恢复桥（母联、分段）备自投方式。

⑤ 具备条件的开关站、配电室、环网单元，宜设置备自投装置，提高供电可靠性。

(12) 电压与无功平衡：

① 系统的运行电压，应考虑电气设备安全运行和电网安全稳定运行的要求。应通过 AVC 等控制手段，确保电压和功率因数在允许范围内。

② 应尽量减少配电网不同电压等级间无功流动，应尽量避免向主网倒送无功。

## 三、检修情况下运行方式安排要求

检修情况下的配电网运行方式安排应充分考虑安全、经济运行的原则，尽可能做到方式安排合理。

1. 线路检修

（1）应优先考虑带电作业，需停电的工作应尽可能减少停电范围。

（2）对于不在作业范围内的线路段，能通过联络转供的，应将此线路段转供，并应在检修工作结束后及时恢复正常方式。

（3）不停电线路段由对侧带供时，应考虑对侧线路保护的全线灵敏性，必要时调整保护定值。

（4）上级电网中双线供电（或高压侧双母线）的变电站，当一条线路（或一段母线）停电检修时，在负荷允许的情况下，优先考虑负荷全部由另一回线路（或另一段母线）供电，遇有高危双电源客户供电情况，应尽量通过调整变电站低压侧供电方式，确保该类客户双电源供电。

2. 变电站主变检修

有两台及以上主变的变电站优先考虑负荷全部由另一台主变或其余主变供电。

遇有高危双电源客户供电情况，应尽量通过调整变电站低压侧供电方式，确保该类客户双电源供电。

3. 变电站全停检修

（1）变电站全停时，需将该站负荷尽可能通过低压侧移出，如遇负荷转移困难的，可考虑临时供电方案，确无办法需停电的应在月度调度计划上明确停电线路名称及范围。

（2）变电站全停检修时，应合理安排方式保证所用电的可靠供电。

4. 检修调电操作要求

进行调电操作应先了解上级电网运行方式后进行，必须确保合环后潮流的变化不超过继电保护、设备容量等方面的限额，同时应避免带供线路过长、负荷过重造成线路末端电压下降较大的情况。

## 四、事故情况下运行方式安排要求

事故运行方式安排的一般原则：

（1）上级电网中双线供电（或高压侧双母线）的变电站，当一条线路（或一段母线）故障时，在负荷允许的情况下，优先考虑负荷全部由另一回线路（或另一段母线）供电，并尽可能兼顾双电源客户的供电可靠性。

（2）上级电网中有两台及以上变压器（或低压侧为双母线）的变电站当一台变压器故障时，在负荷允许的情况下，优先考虑负荷在站内转移，并尽可能兼顾双电源客户的供电可靠性。

(3) 故障处理应充分利用配电自动化系统，对于故障点已明确的，可立即通过遥控操作隔离故障点，并恢复非故障段供电，恢复非故障段供电时也应优先考虑可以遥控调电的电源。

(4) 因事故造成变电站全停时，优先恢复所用电。

(5) 线路故障在故障点已隔离的情况下，尽快恢复非故障段供电。转供时应避免带供线路及上级变压器过负荷的情况。

### 五、新设备启动安排要求

(1) 配电网设备新改扩建工程及业扩报装工程投产前，应由工程建设部门提前向调控机构报送投产资料，资料应包括设备的相关参数、设备异动的电气连接关系等内容。

(2) 为处置配电网公用设备危急缺陷，更换相关公用设备的工作，运检部门（设备管理部门）应在设备投产后 2 个工作日内向配网调控机构补报投产资料，完善相关流程。

(3) 配网调控机构应综合考虑系统运行可靠性、故障影响范围、继电保护配合等因素，开展启动方案编制工作。

(4) 配网调控机构依据投产资料编写启动方案，启动方案应包括启动范围、定（核）相、启动条件、预定启动时间、启动步骤、继电保护要求等内容。

(5) 运检部门（设备管理部门）和营销部门应分别负责组织供电企业所属设备和客户资产设备验收调试和启动方案的准备工作，确保启动方案顺利执行。

(6) 新设备启动过程中，如需对启动方案进行变更，必须经调控机构同意，现场和其他部门不得擅自变更。

## 第二节　配电网停电计划管理

### 一、配电网停电计划管理范围

(1) 配电网停电计划管理应实现由中压配电网（6～35kV 电网）到低压配电网（0.4kV 电网，含配电变压器）的全覆盖。

(2) 6～35kV 配电网的停电计划执行许可管理；停电申请单位应提前申报停电计划并经相应调控机构批准，在正式工作前还应经相应调控机构许可后方可开工，未得到调控机构许可的配电网停电工作严禁开工。

(3) 400V 低压配电网的停电计划执行备案管理；停电申请单位应按要求提前向相应调度报送停电计划进行备案，未在调度备案的低压配电网停电工作严禁开工。

### 二、配电网停电计划编制原则

(1) 月度计划以年度计划为依据，日前计划以月度计划（业扩工程双周计划）为依据。

(2) 配电网建设改造、检修消缺、业扩工程等涉及配电网停电、启动送电或带电作业的工作，均需列入配电网停电计划。上级输变电设备停电需配网设备配合停电的，即使配网设备确无相关工作，也应列入配电网停电计划。

(3) 配电网停电计划应按照"下级服从上级、局部服从整体"的原则，以"变电结合线路、二次结合一次、生产结合基建、用户结合电网"的方式，综合考虑设备运行工况、电网建设改造、重要客户用电需求和业扩报装等因素，主配网停电计划协同，合理编制停电计划。坚持"能带不停，一停多用"的工作原则，完善配网月度停电、周调整计划管理制度，杜绝一事一停，减少重复停电，确保配电网安全运行和客户可靠供电。

(4) 在夏（冬）季用电高峰期及重要保电期，原则上不安排配电网设备计划停电。

(5) 配电网计划停电应最大限度减少对客户供电影响，尽量避免安排在生活用电高峰时段停电。

### 三、中压配电网停电计划管理

**（一）编制要求**

(1) 配电网年度计划是停电工作开展的基础，基建部门、运检部门（设备管理部门）、营销部门应综合考虑全年新改扩建工程、业扩报装工程编制年度检修计划，由相应调控机构进行综合平衡并经地市调控机构审查，地市调控机构于年底之前统一发布年度停电计划。未纳入年度计划的业扩工程，按月滚动纳入年度计划调整，特别紧急的业扩工程可纳入单周滚动。

(2) 停电申请单位应按要求提前向相应调控机构报送配电网设备停电检修、启动送电计划。配电网停电计划应明确计划停送电时间、计划工作时间、停电范围、工作内容和检修方式安排等内容，并按照工作量严格核定工作时间。配电网月度停电计划确定后以公文形式印发。

(3) 调控机构应依据月度停电计划开展日前停电计划管理工作，批复相关单位检修申请，并进行日前方式安排。

(4) 应综合考虑客户用电需求和调度停电计划，做到客户检修计划与本单位停电计划同步，减少重复停电。

(5) 配电网新改扩建工程和业扩报装停送电方案必须经相应调控机构审查后，相关设备停电工作方可列入年（月）度停电计划。

**（二）执行与变更**

(1) 配电网月度停电计划应刚性执行。原则上不得随意变更，如确需变更的，应提前完成变更手续，并经地县公司分管领导批准。

(2) 基建部门、运检部门（设备管理部门）、营销部门应跟踪、督促物资及施工准备情况，在停电计划执行之前完成相关准备工作。

(3) 计划停电工作，相关部门应在开工前3个工作日，向相应调控机构提交设备停电申请单。

(4) 运检部门（设备管理部门）应严格按照停电计划批准的停电范围、工作内容、停电工期安排施工，不得擅自更改。

(5) 停电计划执行全过程实施"五个零时差"管理，强化配网停电计划执行过程中时间偏差控制，提高停电检修的工作效率和设备检修质量，提升计划停送电的精准度，提高供电可靠性和优质服务水平。

① 停电零时差：停电零时差是指实际停电时间不得早于预告停电时间，滞后于预

告停电时间的偏差不得超过允许范围。

② 操作零时差：操作零时差是指停、复役操作实际执行时间超过操作预定所需时间的偏差不得超过允许范围。停电计划申报时应对操作时间进行分类预估，合理考虑操作所需时长。

③ 许可零时差：许可零时差是指调度许可给现场工作负责人（现场许可人）的时间滞后于检修工作计划开始时间的偏差不得超过允许范围。

④ 工作零时差：工作零时差是指实际工作结束时间不得超过计划工作结束时间，应对计划工作时长进行准确预估。

⑤ 送电零时差：送电零时差是指实际送电时间不得滞后与预告送电时间，预告停电时间以"日前停电计划"停电时间为准。

（6）未纳入月度停电计划的设备有临时停电需求时，相关部门（单位）应提前完成临时停电审批手续，并经地县公司分管领导批准。

（7）因客户、天气等因素未按计划实施的项目，原则上应取消该停电计划，另行履行停电计划签批手续。

（8）已开工的设备停电工作因故不能按期竣工的，原则上应终止工作，恢复送电。如确实无法恢复，应在工期未过半前向相应调控机构申请办理延期手续，不得擅自延期。

## 四、低压配电网停电计划管理

**（一）编制要求**

（1）停电申请单位应按要求提前向所辖调控机构报送低压配电网（0.4kV 电网，含配电变压器）停电周计划，由调控机构进行备案。

（2）低压配电网停电计划应明确设备运维单位（配电运检班组或供电所）、停电范围（变电站—线路—配变—400V 出线）、停电区域、停电原因、计划停送电时间等内容。

**（二）执行与变更**

（1）停电申请单位应严格按照已备案的停电计划开展现场工作，未备案的停电工作严禁开工。

（2）调控机构已备案的停电计划应严格执行，原则上不得随意变更；如确需变更，应履行变更手续，提前向调控机构进行变更备案。

（3）调控机构未备案的低压配电网设备有临时停电需求时，相关部门应提前完成临时停电审批手续，经批准后向调控机构进行备案。

## 五、安全校核及风险防控

地市供电企业配网调控中心和县级供电企业调控机构应根据配电网停电计划，做好电网安全校核，完善电网安全控制措施和故障处置预案。对可能构成《国家电网公司安全事故调查规程》规定七级及以上电网事件的设备停电计划，应采取措施降低事故风险等级。

（1）配电网停电计划应从电网安全可靠、客户优质服务两个维度进行校核，确定停电计划的风险类型并评估停电计划的风险等级。

(2) 风险类型从电网安全可靠维度可分为设备重复停电、调度承载力越限、工区承载率越限;从客户优质服务维度分为保电任务冲突、单次停电时户数超标、用户重复停电、重要用户风险、总时户数越限。

(3) 风险等级共分为三级,按照风险等级从高到低排列分别为红色预警、黄色预警和蓝色预警。

### 六、配电网停电计划执行主要指标

配电网停电计划执行情况指标主要包括:年度重复停电率、月度停电计划执行率、月度临时停电计划率、日停电计划检修申请按时完成率、停电执行合格率。

年度重复停电率＝当年重复停电的项目数/当年计划停电的项目数×100%

注:根据各省实际制定重复停电的标准及考核办法。

月度停电计划执行率＝当月实际完成的计划项目数/当月计划项目数×100%

月度临时停电计划率＝当月临时计划项目数/当月计划项目数×100%

日停电计划检修申请按时完成率＝当月在批准时间内完成的检修单数/当月实际执行的检修单总数×100%

停电执行合格率＝(1－停送电不合格条次/总停电条次)×100%

注:单条次停电和送电均不合格时计为1条次不合格,不重复计数。本指标考核6～35kV配电网停电是否严格按批复的停、送电时间执行。实际停电时间超前计划批复停电时间计为本条次停电不合格;实际送电时间滞后计划批复送电时间计为本条次送电不合格。

## 第三节 配电网带电作业计划管理

### 一、配电网带电作业计划管理范围

凡属县(配)调管辖和许可的配电网带电作业,均需列入计划管理。

### 二、配电网带电作业计划编制原则

(1) 配电网线路带电作业,设备运检单位应按要求发布带电作业计划,对用户停电的,应满足用户停电通知时限要求。

(2) 带电作业应在良好天气情况、正常运方或作必要的运方调整后进行,在系统运方比较薄弱、重要保供电及节日期间,不宜进行带电作业,保电线路不批准进行带电作业。

(3) 带电作业只允许进行已申请的作业项目,不得自行增加或改变项目。

### 三、配电网带电作业计划执行要求

(1) 带电作业工作负责人在带电作业工作开始前,应与值班调控员联系。需要停用重合闸的,由值班调控员履行许可手续。带电作业结束后应及时向值班调控员汇报。

(2) 涉及带电拆搭头时应办理停电申请单。

(3) 带电作业过程中如设备突然停电,作业人员应视设备仍然带电。工作负责人应尽快与值班调控员联系,值班调控员未与工作负责人取得联系前不得强送电。

## 第四节 练习题

### 一、单选题

1. 单母线接线方式,一回进线供母线,其余进线开关热备用,备自投可启用（　　）方式。
   A. 分段备投　　　B. 线路备投　　　C. 母联备投　　　D. 桥备投
   答案：B

2. 配网正常运行方式安排要求,配电网正常运行方式安排,应结合配电自动化系统（DAS）控制方式,合理利用（　　）功能。
   A. 仿真　　　　　B. 遥控　　　　　C. 遥信　　　　　D. FA
   答案：D

3. 配电自动化线路故障,对于故障点已明确的,调控员应优先采用的方式隔离故障点的方式为（　　）。
   A. 抢修施工单位人员操作　　　　　B. 应等运行人员到达现场才可遥控操作
   C. 遥控操作　　　　　　　　　　　D. 运行人员操作
   答案：C

4. 配网年度运行方式编制要求,配电网接入分布式电源时,应做好（　　）分析。
   A. 适应性和稳定性　　　　　　　　B. 稳定性
   C. 适应性　　　　　　　　　　　　D. 可接入性
   答案：C

5. 据电网（　　）运行方式的短路电流值校验继电保护装置的灵敏度。
   A. 最复杂　　　　B. 最大　　　　　C. 最小　　　　　D. 最简单
   答案：C

6. 配电线路的合、解环点一般不宜选择在（　　）。
   A. 用户进线开关　B. 柱上开关　　　C. 环网柜　　　　D. 开关站
   答案：A

7. 应核对配电网设备（　　）,确保设备负载不超过规定限额。
   A. 安全电流　　　B. 最大电流　　　C. 额定电流　　　D. 额定容量
   答案：A

8. 瓦斯保护在变压器冲击合闸前应投（　　）。
   A. 试验　　　　　B. 跳闸　　　　　C. 信号　　　　　D. 停用
   答案：B

9. 两台主变压器并列运行的条件：（　　）
   A. 相序相位相同
   B. 接线组别相同,变比相等,容量压相等
   C. 接线组别相同,变比相等,短路电压相等
   D. 电压相等,接线相同,阻抗相等
   答案：C

10. 关于不对称运行给系统的带来的影响，以下错误的是（  ）。

A. 继电保护由于一般按最大负荷电流整定，即使断线正常也不会动作，所以没有实质性的影响

B. 对用户的影响主要是电压的不对称，影响电能质量从而影响电器寿命

C. 对变压器的影响主要是影响经济性，变电容量不能充分利用

D. 对异步电动机的影响主要是影响电动机的输出功率

答案：A

## 二、多选题

1. 进行调电操作应先了解上级电网运行方式后进行，必须确保合环后潮流的变化不超过（  ）等方面的限额，同时应避免带供线路过长、负荷过重造成线路末端电压下降较大的情况。

A. 设备容量　　　B. 系统电压　　　C. 继电保护　　　D. 系统频率

答案：AC

2. 新变压器的冲击过程中，应注明的事项有（  ）。

A. 方向元件短接退出　　　　　　B. 各侧中性点直接接地

C. 差动保护停用　　　　　　　　D. 所有保护均启用

答案：ABD

3. 配网主要由相关电压等级的架空线路、电缆线路、（  ）、箱式变电站、柱上变压器、环网单元等组成。

A. 配电室　　　B. 分布式电源　　　C. 开关站　　　D. 变电站

答案：ACD

4. 配网年度运行方式编制应以保障电网（  ）运行为前提，充分考虑电网、客户、电源等多方因素，以方式计算校核结果为数据基础。

A. 经济　　　B. 环保　　　C. 安全　　　D. 优质

答案：ACD

5. 配网方式计划管理中地市供电企业营销部主要职责包含（  ）。

A. 参与配网调度计划撤销、调整及临时停电的审批

B. 参与调度计划平衡，负责审查配网设备停电对重要客户的影响，制定相关措施，提出运行方式调整建议

C. 负责提报业扩工程、客户停电需配电网线路配合的停电检修、启动送电计划，向相应调控机构提交管辖范围内配电线路全设备异动后的电子接线图。

D. 根据各类已发布的调度计划及电网运行风险预警相关要求，及时通知客户，制定有序用电方案，督促客户落实安全预控措施

答案：ABCD

6. 输变电设备损坏，有下列情形之一者，属于七级设备事件，包括（  ）。

A. 35kV 以上电力电容器整组故障损坏

B. 35kV 以上主变压器、电抗器等本体故障损坏或主绝缘击穿

C. 35kV 以上输变电主设备非计划停运，时间超过 24h

D. 500kV 以上电流互感器、电压互感器故障损坏

答案：ABCD

7. 调度运行管理的主要任务有（  ）。

A. 事故处理　　　　　　　　　　B. 满足用户的用电需要
C. 保证电网安全稳定运行　　　　D. 运行操作

答案：ABCD

8. （  ）接线方式，两回进线分供母线，母联/分段开关热备用，备自投可启用母联、分段备投方式。

A. 单母线分段接线　　　　　　　B. 内桥接线
C. 双母线接线　　　　　　　　　D. 外桥接线

答案：AC

9. 在保电期间，如电网发生故障，应优先考虑活动场所主备电源以及上级电源的恢复供电，可考虑以下哪些措施（  ）。

A. 不得退出低周低压减负荷装置的切负荷回路
B. 有关线路在保电期间应从电网事故限电序位表中剔除
C. 有关线路在保电期间应从变电站综合紧急拉路序位表中剔除
D. 必要时退出低周低压减负荷装置的切负荷回路

答案：BCD

10. 并联运行的变压器，在倒换中性点接地刀闸时，先推上未接地的变压器中性点接地刀闸，再拉开另一台变压器中性点接地刀闸的原因为（  ）。

A. 使零序保护发挥作用　　　　　B. 防止工频过电压
C. 防止谐振过电压　　　　　　　D. 防止操作过电压

答案：AD

# 第八章 配电网抢修指挥

> **概 述**

本章主要介绍配电网抢修指挥概述、配电网抢修工单流转、生产类停送电信息报送、配电网智能抢修指挥技术等内容,包括四个培训模块。Ⅰ级人员应重点掌握配电网抢修指挥概述;Ⅱ级人员应重点掌握配电网抢修工单流转;Ⅲ级人员应重点掌握生产类停送电信息报送、配电网智能抢修指挥技术。

## 第一节 配电网抢修指挥概述

### 一、配电网抢修指挥定义

《国家电网公司配电网抢修指挥工作管理办法》中所指的配电网抢修指挥是指地市供电公司供电服务指挥中心(配网调控中心)(简称"供指中心")及县级电力调度控制分中心(简称"县调"),根据国家电网客户服务中心(简称"国网客服中心")派发的故障报修工单内容或配调监控系统发现的故障信息,对配电网故障进行研判,并将工单派发至相应抢修班组。

### 二、配电网抢修指挥业务发展状况

原国家电力公司在 2001 年向信息产业部(现为工业和信息化部)申请,以"95598"作为国家电力公司开展供电服务使用的统一电话号码;同时,向互联网管理中心注册"95598"域名。2005 年国家电网公司向全社会明确提出了供电服务 95598 热线 24 小时受理业务、信息查询、服务投诉和电力故障报修的庄严承诺。

2012 年,"大营销"体系开始建设,结合 95598 电话服务省级集中,客户故障报修由分区受理改为全省统一受理,设立地市、县公司远程工作站。建立健全了故障抢修事中监督、事后评价的闭环工作机制;进一步强化抢修指挥、组织、协调;提高响应速度,消除了分区服务差异。

2014 年,"大运行"体系全面提升,为强化横向业务协同,进一步增强调控中心在电网调度运行中的指挥中枢功能,简化抢修工作流程,提高配电网故障处置效率,将配电网故障研判和抢修指挥职能纳入了各级地、县调。

2018 年,为贯彻落实国家电网公司关于加快构建现代服务体系的要求,坚持以客户为中心,以提升供电可靠性和优质服务水平为重点,地市公司相继成立供电服务指挥中心(配网调度控制中心),配网调控班和配网抢修指挥班由各级地调整建制划转,县调未调整。

### 三、配电网抢修指挥业务职责划分

国家电网公司系统内的各级调控机构配电网抢修指挥业务包括配电网抢修工单处置和生产类停送电信息报送两项主要工作内容。

为提高配网故障研判、抢修指挥工作的精益化、同质化、标准化管理水平，规范和指导相关业务开展，国家电网公司明确了各级调控机构的配电网抢修指挥业务主要职责。

（1）国调中心是配电网抢修指挥业务的归口管理部门，负责公司配电网抢修指挥管理制度、标准、流程及技术支持功能应用规范的制定，负责公司配电网抢修指挥工作的统计分析及监督、检查、考核、评价管理工作。

（2）省电力公司电力调度控制中心（以下简称"省调"）主要职责：

① 负责贯彻落实公司配电网抢修指挥管理制度、标准和流程，根据实际业务开展情况制定实施细则，指导各地公司规范开展配电网抢修指挥工作。

② 负责对各地公司配电网抢修指挥工作的监督、检查和考核，组织开展业务统计分析。

③ 负责专业管理范围内生产类停送电信息报送工作的监督、检查。

④ 协调开展配电网抢修指挥技术支持功能建设工作。

（3）地市公司电力调度控制中心（以下简称"地调"）主要职责：

① 负责贯彻落实公司配电网抢修指挥管理制度、标准、流程及省公司发布的实施细则。

② 负责对供指中心和各县公司配电网抢修指挥工作的指导、检查和考核，组织开展业务统计分析。

（4）供指中心及县调主要职责：

① 负责贯彻落实公司配电网抢修指挥管理制度、标准、流程及省公司发布的实施细则。

② 负责接收抢修类及生产类紧急非抢修工单、研判分析、通过系统合并、派发工单。

③ 负责审核抢修班组回填的工单，并将工单回复客服中心。

④ 负责专业管理范围内生产类停送电信息编译工作，汇总报送生产类停送电信息。

⑤ 负责配电网抢修指挥业务统计分析及报送工作，定期发布抢修班组工作执行情况。

## 第二节　配电网抢修工单流转

配电网抢修工单包括配网调度技术支持系统发现的故障信息生成的主动工单和国网客户中心直派供指中心、县调的故障报修工单。在配电网抢修指挥业务实际开展过程中，国网客户中心直派供指中心、县调的故障报修工单的处置为主要业务之一。

（1）配网调度技术支持系统发现的故障信息是指整合了调度自动化、配电自动化信息的配电自动化监控系统发现的设备告警信息。通过与生产、营销等系统集成，实现开关、配变等设备故障告警信息的主动接收。

（2）国网客户中心直派供指中心、县调的故障报修工单分为抢修类工单和生产类紧急非抢修工单。

抢修类工单是指国家电网客服中心通过 95598 电话、95598 网站、"网上国网"等渠道受理的故障停电、电能质量、充电设施故障或存在安全隐患须紧急处理的电力设施故障诉求业务工单。

生产类紧急非抢修工单内容包括供电企业供电设施消缺、协助停电及低压计量装置故障。

（3）根据客户报修故障的重要程度、停电影响范围、危害程度等将故障报修工单分为紧急、一般两个等级。

1）符合下列情形之一的，为紧急故障报修。

① 已经或可能引发人身伤亡的电力设施安全隐患或故障。

② 已经或可能引发人员密集公共场所秩序混乱的电力设施安全隐患或故障。

③ 已经或可能引发严重环境污染的电力设施安全隐患或故障。

④ 已经或可能对高危及重要客户造成重大损失或影响安全、可靠供电的电力设施安全隐患或故障。

⑤ 重要活动电力保障期间发生影响安全、可靠供电的电力设施安全隐患或故障。

⑥ 已经或可能在经济上造成较大损失的电力设施安全隐患或故障。

⑦ 已经或可能引发服务舆情风险的电力设施安全隐患或故障。

2）一般故障报修（除紧急故障报修外的故障报修）。

根据客户报修的故障设备类型、设备产权归属等将故障报修类型分为高压故障、低压故障、电能质量故障、非电力故障、计量故障、充电设施故障六类。

① 高压故障是指电力系统中高压电气设备（电压等级在 1kV 以上者）的故障，主要包括高压线路、高压变电设备故障等。

② 低压故障是指电力系统中低压电气设备（电压等级在 1kV 及以下者）的故障，主要包括低压线路、进户装置、低压公共设备等。

③ 电能质量故障是指由于供电电压、频率等方面问题导致用电设备故障或无法正常工作，主要包括供电电压、频率存在偏差或波动、谐波等。

④ 非电力故障是指供电企业产权的供电设施损坏但暂时不影响运行、非供电企业产权的电力设备设施发生故障、非电力设施发生故障等情况，主要包括客户误报、紧急消缺、第三方资产（非电力设施）客户内部故障等。

⑤ 计量故障是指计量设备、用电采集设备故障，主要包括高压计量设备、低压计量设备、用电信息采集设备故障等。

⑥ 充电设施故障是指充电设施无法正常使用或存在安全隐患等情况，主要包括充电桩故障、设备损坏等。

## 第三节　生产类停送电信息报送

### 一、95598 停送电信息报送概述

95598 停送电信息（以下简称"停送电信息"）是指因各类原因致使客户正常用电

中断，需及时向国网客服中心报送的信息。

### （一）停送电信息分类

停送电信息主要分为生产类停送电信息和营销类停送电信息。

生产类停送电信息包括：计划停电、临时停电、电网故障停限电、超电网供电能力停限电、其他停电等。

营销类停送电信息包括：违约停电、窃电停电、欠费停电、有序用电等。

### （二）停送电信息报送渠道

公变及以上的停送电信息，须通过营销业务应用系统（SG186）供电服务指挥系统或PMS系统中"停送电信息管理"功能模块报送。

### （三）停送电信息报送要求

停送电信息报送管理应遵循全面完整、真实准确、规范及时、分级负责的原则。

生产类停送电信息和营销类有序用电信息通过营销业务应用系统（SG186）供电服务指挥系统或PMS系统报送。

其他营销类停送电信息通过修改营销业务应用系统（SG186）中的停电标志状态传递信息。

对未及时报送停送电信息的单位，可向地市、县公司派发催报工单，地市、县公司在收到国网客服中心催报工单10min内，按照要求报送停送电信息。

### （四）停送电信息报送流程

地市、县公司调控中心、运检部、营销部，按照专业管理职责，开展生产类停送电信息编译工作并录入系统，各专业对编译、录入的停送电信息准确性负责。配网抢修指挥相关班组将汇总的生产类停送电信息录入系统上报。

### （五）停送电信息催报流程

国网客服中心根据受理的客户报修情况，经核实未发现相关停送电信息的，督促各地市、县公司报送停送电信息。

### （六）生产类停送电信息编译规范

（1）地市、县公司调控中心、运检部根据各自设备管辖范围编译的生产类停送电信息应包含：供电单位、停电类型、停电区域、设备清单、停送电信息状态、停电计划时间、停电原因、现场送电类型、停送电变更时间、现场送电时间等信息。

（2）地市、县公司营销部在配合编译生产类停送电信息时，编译内容应包含：停电范围、影响高危及重要客户说明、客户清单、停送电信息发布渠道等信息。

## 二、生产类停送电信息报送内容

生产类停送电信息应填写的内容主要包括：供电单位、停电类型、停电区域、停电范围、停送电信息状态、停电计划时间、停电原因、现场送电类型、停送电变更时间、现场送电时间、发布渠道、高危及重要用户、客户清单、设备清单等信息。

### （一）停电类型

按停电分类进行填写，主要包括计划停电、临时停电、电网故障停限电、超电网供电能力停限电、其他停电等类型。

## （二）停电区域

停电涉及的供电设施情况，即停电的供电设施名称、供电设施编号、变压器属性（公变/专变）等信息。

## （三）停电范围

停电的地理位置、专变客户、医院、学校、乡镇（街道）村（社区）住宅小区等信息。同一停电信息涉及分段送电情况，应报送分段未恢复停电范围等信息。

## （四）停送电信息状态

分有效和失效两类。

## （五）停电计划时间

包括计划停电、临时停电、超电网供电能力停限电、其他停电开始时间和预计结束时间，故障停电包括故障开始时间和预计故障修复时间。

## （六）停电原因

指引发停电或可能引发停电的原因。

## （七）现场送电类型

包括全部送电、部分送电、未送电。

## （八）停送电变更时间

指变更后的停电计划开始时间及计划送电时间。

## （九）现场送电时间

指现场实际恢复送电时间。

## （十）发布渠道

停送电信息发布的公共媒体。

## （十一）设备清单

包括设备名称、设备类型、设备标识等。

## （十二）客户清单

包括客户名称、客户编号、设备名称等。变压器范围：包括承担对正常用电用户供电的公用和专用变压器。设备类型：包括变压器、高压电动机等。

## （十三）影响高危及重要用户说明

是指停电信息影响的高危及重要客户编号和名称等信息。

# 第四节　配电网智能抢修指挥技术

为解决配网检修、抢修信息共享不畅，设备缺陷和故障处置研判速度慢、精度低，抢修现场与配网抢修指挥人员间未能实现高效协同的问题，通过将配网抢修指挥业务流程与人工智能、大数据等先进信息通信技术有机融合，为配网抢修指挥业务提供了智能监控、智能指挥、智能管控等应用，实现了 $7\times24h$ 的设备全周期异常识别、工单全过程督办、指挥中心与抢修现场全方位协同，推动了管理与服务的数字化转型升级，提升了供电服务质效，优化了地区营商环境。

## 第五节 练习题

### 一、单选题

1. 配电网抢修指挥是指地（市、州）供电公司电力调度控制中心及县级电力调度控制中心，根据客户服务中心派发的抢修类工单内容或（ ），对配电网故障进行研判，并将工单派发至相应抢修班组。
   A. 客户电话报修　　　　　　　　B. 配调监控系统发现的故障信息
   C. 故障现象　　　　　　　　　　D. 配电抢修班发现的故障信息
   答案：B

2. 公司配电网故障抢修指挥的归口管理部门是（ ）。
   A. 配电工区　　　B. 运检部　　　C. 营销部　　　D. 国调中心
   答案：D

3. 配电网的故障研判是指依托配电网物理拓扑结构、设备与设备上下级关系，通过收集当前电网各类设备（ ）信号，诊断出引起停电的故障类别、发生故障的位置以及停电影响范围的过程。
   A. 保护动作　　　B. 事故告警　　　C. 实时运行　　　D. 开关状态
   答案：C

4. （ ）系统是配电网故障研判业务应用的信息化支撑平台。
   A. 配电自动化　　　　　　　　　B. 配网故障研判技术支持
   C. 生产管理　　　　　　　　　　D. 营销管理
   答案：B

5. 对于紧急故障的处理，抢修时间超过 4h 的，每隔（ ）h 向本单位调控中心报告故障处理进展情况。
   A. 4　　　　　B. 2　　　　　C. 1　　　　　D. 3
   答案：B

6. （ ）为电力客户用电业务建立业务流程平台，提供营销分析和辅助决策支持，为营销各业务质量和数据信息提供稽查监控平台。
   A. 配电自动化系统　　　　　　　B. 配电网故障研判技术支持系统
   C. 生产管理系统　　　　　　　　D. 营销管理系统
   答案：D

7. 地市、县公司配电网抢修指挥相关班组应在国网客服中心或省营销服务中心下派工单后（ ）min 内完成接单或退单，对故障报修工单进行故障研判和抢修派单。
   A. 7　　　　　B. 3　　　　　C. 2　　　　　D. 5
   答案：B

8. 抢修人员到达故障现场时限要求，一般情况下，农村不超过（ ）min。
   A. 90　　　　　B. 45　　　　　C. 30　　　　　D. 60
   答案：A

9. 各类告警信息推送到（ ）进行故障研判前，需在已发布的停电信息范围内进行过滤判断。

A. 配电自动化系统　　　　　　　　B. 生产管理系统
C. 配电网故障研判技术支持系统　　D. 营销管理系统
答案：C

10. 已经或可能引发人员密集公共场所秩序混乱的电力设施安全隐患或故障属于（ ）故障。

A. 重要　　　　B. 紧急　　　　C. 一般　　　　D. 重大
答案：B

## 二、多选题

1. 地、县调控中心、运检部根据各自设备管辖范围编译的生产类停电信息应包括（ ）。

A. 停送电信息发布渠道　　　　B. 停电区域（设备）
C. 停电类型　　　　　　　　　D. 高危及重要客户
答案：BC

2. 低压单相计量装置类故障［（ ）等除外］，由抢修人员先行换表复电。

A. 有序用电　　B. 违约用电　　C. 窃电　　D. 欠费停电
答案：BC

3. 停电信息中现场送电类型包括（ ）。

A. 延迟送电　　B. 部分送电　　C. 全部送电　　D. 未送电
答案：BCD

4. 各单位配网故障研判及抢修指挥平台（PMS2.0）上线应用后，在确保数据结构和基本流程一致性的基础上，将进一步加大差异化应用配置建设，鼓励各单位根据自身需求完善提升平台功能，并向（ ）和（ ）报备。

A. 国网安质部　　　　B. 国网运检部
C. 国调中心　　　　　D. 国网营销部
答案：BC

5. 生产类紧急非抢修工单内容包括（ ）。

A. 存在安全隐患须紧急处理的电力设施故障诉求业务工单
B. 协助停电
C. 供电企业供电设施消缺
D. 低压计量装置故障
答案：BCD

6. 故障研判后，需要在营配调数据贯通的基础上，通过不同系统之间的信息融合，根据（ ），自动分析停电影响范围等。

A. 变电站内拓扑　　　　B. 站-线数据
C. 站-线-变-户数据　　　D. 用户七级地址
答案：CD

7. 地、县公司应在抢修班组部署（　　），实现配电网抢修指挥班与抢修班之间的工单在线流转，并保证信息安全要求。

A. 4G 终端　　　　B. 手持终端　　　　C. 远程终端　　　　D. 固定终端

答案：BC

8. 客户清单包括（　　）等。

A. 设备名称　　　　B. 客户名称　　　　C. 设备标识　　　　D. 客户编号

答案：ABD

9. 地市公司营销部负责专业管理范围内生产类停送电信息（　　）及通知高危、重要客户。

A. 报送工作　　　　　　　　　　　　B. 考核工作
C. 监督、检查工作　　　　　　　　　D. 编译

答案：AD

10. 计量故障主要包括（　　）等。

A. 配电自动化终端　　　　　　　　　B. 低压计量设备
C. 高压计量设备　　　　　　　　　　D. 用电信息采集设备故障

答案：BCD

# 第九章　配电网新技术应用

> **概　述**

本章主要介绍大数据技术、云计算技术、智慧物联网技术、移动互联网技术、人工智能技术、区块链技术、虚拟电厂技术、碳流分析技术等内容，包括八个培训模块。Ⅰ级人员应重点掌握大数据技术、云计算技术；Ⅱ级人员应重点掌握智慧物联网技术、移动互联网技术、人工智能技术；Ⅲ级人员应重点掌握区块链技术、虚拟电厂技术、碳流分析技术。

## 第一节　大数据技术

### 一、技术概述

大数据技术是指伴随着大数据的采集、存储、分析、应用和结果呈现的相关技术，是一系列使用非传统工具来对大量的结构化、半结构化和非结构化数据进行处理，从而获得分析和预测结果的数据处理和分析技术。从数据分析全流程的角度，大数据技术主要包括数据采集和预处理技术、数据存储技术、数据处理及相关平台技术、数据分析与可视化技术、数据安全和隐私保护技术等方面内容。

数据采集和预处理技术：数据采集是数据分析生命周期的重要一环，它通过采集传感器数据、社交网络数据、移动互联网数据等方式获得各种结构化、半结构化及非结构化的海量数据。由于数据来源众多、类型多样，存在数据缺失和语义模糊等问题，因此需要进行数据预处理，把数据变成可用的状态。数据预处理主要包括数据清洗、多源数据融合、数据交换、数据规约转换等过程。

数据存储技术：数据经过预处理后，会被存放到文件系统或数据库系统中进行管理，大量多态异构数据的高效、可靠、低成本存储模式是大数据的关键技术之一，主要有数据库和分布式存储等形式。数据库通常用来存储结构化数据，这些数据有明确的定义格式。微软 Azure 系统架构师在《云原生：运用容器、函数计算和数据构建下一代应用》中将数据库分为七类：键值数据库、文档数据库、关系型数据库、图数据库、列族数据库、时序数据库、搜索引擎。分布式存储技术能够满足海量数据的存储需求，将大规模海量数据用文件的形式在不同的存储节点中保存多个副本，并用分布式系统进行管理。当某个存储节点出故障时，系统能够自动将服务切换到其他的副本，从而实现自动容错。

数据处理及相关平台技术：数据处理技术是大数据技术的重要组成部分，且已发展出很多平台来支撑全生命周期内跨领域、异构大数据的管理、分析和处理等需求。数据计算模式主要有批处理计算、流计算、图计算、查询分析计算等模式。数据处理时间域有两种。

(1) 事件时间，即事件实际发生的时间。

(2) 处理时间，即系统观察事件发生的时间。

大数据平台典型计算框架主要有并行编程框架（MapReduce）、分布式计算框架（Spark）、流计算框架（Stcrm）、图计算框架（Pregel）。

数据分析与可视化技术：大数据平台提供了数据管理与计算能力，然后利用数据挖掘工具对数据进行处理分析，再采用可视化工具为用户呈现结果。大数据分析的理论核心是数据挖掘，各种数据挖掘算法基于不同的数据类型和格式，可以更加科学地呈现出数据本身具备的特点，数据挖掘和分析相关方法大致可分为基于统计分析的方法、基于机器学习的方法以及基于人工智能的方法三类。数据可视化主要处理对象包括科学数据以及抽象的非结构化信息、结合数据分析的重要性与可视化技术的发展历程，数据可视化相应地可以分成三个分支，即科学可视化、信息可视化和可视化分析。

数据安全与隐私保护技术：大数据自身的安全包括三个层面，一是设备可靠，设备可靠性成为大数据安全的基础问题；二是系统安全，大数据平台庞大的计算环境存在系统复杂、运行不稳定的风险，同时大数据分析过程中产生的知识和价值容易引起黑客攻击，因此数据系统需要完善安全机制；三是数据可信，存在云服务商破坏和窃取数据的情况，大数据来源的繁杂性使得有必要对数据的合规性和真实性进行检查。大数据整个生命周期内的隐私保护，包括两个层面：一是在大数据中分析挖掘更多的价值，二是在分析使用过程中采用隐私保护技术保障用户信息的安全。

## 二、大数据技术在电网调度中的应用

1. 用电负荷预测

目前调度掌握的数据已经能够涵盖到用户负荷层面，基于每个用户的负荷与气象、典型日曲线、设备检修等数据，建立各类影响因素与负荷预测之间的量化关联关系，利用大数据技术有针对性地构建负荷预测模型，实现更加精确的短期、超短期负荷预测，保障电力供应的可靠性。

2. 发电计划预测

针对大规模新能源并网与消纳问题，通过多源数据融合、模式识别、偏好决策、模糊决策等数据分析技术预测电网母线负荷，并以此为依据，结合经济发展、气象以及其他各类信息来源，对发电计划进行持续滚动动态优化。从而科学、合理地制订月度（周度）、日前、日内等不同周期机组的电量计划、开停机计划和出力计划，最大限度地保证电力电量平衡。

3. 电网运行监测

通过汇总区域内各级设备台账、负荷、电网运行、网架结构等海量数据，对线损进行实时计算和处理，实现电能损耗的有效控制。通过利用实时用电负荷、实时变压器负荷、设备运行状态信息，估算出配电设备的负载情况，对配电设备进行重过载预警，有效减少电压不稳定、频繁停电等现象。

4. 电网故障诊断

电网发生故障后会经历电气量变化、保护装置动作、断路器跳闸三个阶段，其中包含大量反映电力系统故障的数据信息。监测系统将采集到的海量故障数据从自动装置上送至调度中心，剔除时空交错的复杂数据中冗余信息，只保留电网故诊断所需信息，将多源故障数据进行融合，利用专家知识、粗糙集理论、数据建模等分析技术，实现故障类型的诊断与判定。根据故障分析结果，调度运行人员及时进行事故处理，快速恢复供电，保证电网安全、可靠运行。

5. 电网风险预警

通过对电网运行数据的监测分析、深度挖掘，基于大数据技术开展电网运行状态评估，计算电网运行风险指数，判断出风险类型，预测从当前到未来一段时间内电网运行面临的风险情况；根据风险类型辨识结果，生成相应的预防控制方案，供调度决策人员参考。对突发性风险和累积性风险进行准确区分并生成针对性预防控制方案，依据对多源异构数据的深度分析，将风险准确定位到局部，实现全网各区域风险状况的集中辨识、定位以及预防控制。

## 第二节　云计算技术

### 一、技术概述

云计算是一种能够通过网络以便利的方式获取计算资源（包括网络、服务器、存储、应用和服务等）并提高其可用性的应用模式。云计算将计算任务分布在由大量计算机构成的资源池上，使各种应用系统能够根据需要获取计算力、存储空间和软件服务，这种资源池称为"云"。"云"是一些可以自我维护和管理的虚拟计算资源，通常为一些大型服务器集群，云计算将所有的计算资源集中起来，并由软件实现自动管理，无须人为参与。与"云"对应的"端"指的是用户终端，可以是个人计算机、智能终端、手机等任何连入互联网的设备。云计算的一个核心理念就是通过不断提高"云"的处理能力，从而减少用户"端"的处理负担，最终使用户"端"简化成一个单纯的输入输出设备，并能按需求享受"云"的强大计算处理能力。云计算按服务方式分为公有云、私有云、混合云，按服务类型分为基础设施服务（IaaS）、平台服务（PaaS）、软件服务（SaaS）。云计算的主要技术有虚拟化技术、多租户技术、海量数据存储和管理技术、并行编程技术。

虚拟化技术：云计算技术框架中核心技术之一，是将计算机的各种实体资源（如CPU、存储及网络等）予以抽象、转换后呈现出来，打破实体结构间不可切割的障碍，使用户可以比原本组态更好的方式应用这些资源。一般所指的虚拟化资源包括计算能力和存储能力，这些资源不受现有资源架设方式、地域或物理组态所限制。

多租户技术：云计算中一种软件架构技术，使云计算的硬件资源和软件资源能够更好地共享，一个单独的软件实例可以为多个组织服务，一个企业用户都能够按照自己的需求对软件进行配置而不影响其他用户的使用。一个支持多租户的软件需要在设计上能对它的数据和配置信息进行虚拟分区，从而使得每个使用这个软件的组织能使用到一个虚拟实例，并且可以对这个虚拟实例进行定制化。

海量数据存储和管理技术：云计算系统采用分布式存储的方式存储数据，用冗余存储的方式（集群计算、数据冗余和分布式存储）保证数据的可靠性。分布式文件系统是一种允许文件通过网络在多台主机上分享的文件系统，可让多台机器上的多个用户分享文件和存储空间。云计算需要高效地管理大量的数据，主要采用 Google 的 Big Table（简称 BT）数据管理技术和 Hadoop 团队开发的开源数据管理模块 Hbase。BT 是一个大型的分布式数据库，与传统的关系数据库不同，它把所有数据都作为对象来处理，形成一个巨大的表格，用来分布存储大规模结构化数据。Hbase 是基于 Google BT 模型开发的，是一个构建在 HDFS 上的分布式列存储系统。

并行编程技术：云计算提供了分布式计算模式，也采用了分布式并行编程模型和调度模型 Mapreduce，主要用于数据集的并行运算和并行任务的调度处理，其优势在于高效处理大规模的数据集。在该模式下，用户只需要自行编写 Map 函数和 Reduce 函数即可进行并行计算。其中，Map 函数中定义各节点上的分块数据的处理方法，而 Reduce 函数中定义中间结果的保存方法以及最终结果的归纳方法。

## 二、云计算技术在电网调度中的应用

### 1. 调度控制云平台

调度控制云平台（简称"调控云"）是面向电网调度业务的云服务平台。为适应电网一体化运行特征，以电网运行和调控管理业务为需求导向，依托云计算、大数据等 IT 技术，构建调控云，形成"资源虚拟化、数据标准化、应用服务化"的调控技术支撑体系。调控云的目标是建立统一和分布相结合的分级部署设计，形成国分主导节点和各省级协同节点的两级部署，共同构成一个完整的调控云体系。构建全网统一的模型、运行和实时数据资源池，实现与实际一、二次系统一致的全网准确、完整的模型。推动各类运行数据的云端存储和应用，实现电网实时数据云端获取。构建开放、共享的调控云应用服务体系，打造体现"全网、全景、全态"特征的电网一张图，支撑运行分析、安全管控和辅助决策等业务应用场景。按照组件开放、架构开放、生态开放的原则，国（分）、省级两级"1+N"中的每个调控云节点均建立业务双（多）活的两（多）个站点，每个站点内由基础设施层（IaaS）平台服务层（PaaS）和应用服务层（SaaS）三个层级组成。

调控云及其基础应用功能已在华北、华东、华中、山东、天津、冀北、四川、湖南、江苏、浙江、福建、上海等十余个省级及以上调控中心部署，平台在实际中得到充分验证，取得了较好的应用效果。

### 2. 基于云架构的一体化调度培训仿真技术

调控员仿真（dispatcher training system，DTS）是通过数字仿真技术模拟电力系统的静态和动态响应及事故恢复过程，使调控员在与实际电网相同的调度环境中进行正常操作、事故处理及系统恢复的培训，以提高调控员的各项基本技能，尤其是事故时快速反应的能力。新一代 DTS 基于调控云平台，进一步具备调控一体化仿真及多级电网全范围的联合反事故演练功能，支持各级电网同时进行联合反事故演习，以提高协同管理电网、协同处理故障、协同保障电网运行的能力。

基于云架构的调控一体化仿真培训由调控员培训模拟和监控员培训模拟应用功能构

成,两者均包括电力系统仿真、控制中心仿真、教员台控制等模块,其中监控员培训模拟应用功能在共享部分调控员培训模拟应用功能基础上,对电力系统仿真、控制中心仿真、教员台控制等模块进行扩展,实现保护信号、保护装置与一次设备的自动关联,使监控员仿真模拟更加真实可靠。

## 第三节　智慧物联网技术

### 一、技术概述

智慧物联网技术是指通过射频识别(RFID)、红外传感器、全球定位系统、激光扫描器等信息传感技术,按约定的协议,把广域分布的物品连接起来,进行信息交换和通信,以实现智能化识别、定位、跟踪、监控和管理的一种网络。物联网从体系结构上可划分为感知层、网络层、业务及应用层等方面,主要涉及的关键技术有EPC/RFID技术、传感器网络技术、纳米技术和微型技术、无线通信技术、边缘计算技术等。

EPC/RFID技术:EPC/RFID技术是物联网的支撑性技术。EPC(电子产品编码)提供了一套较完善的电子产品编码方法,实现对物理对象的唯一标识。RFID作为一种射频自动识别技术,为物联网中各类物品的身份标识提供技术支持,通过物品标签与阅读器之间的配合,实现物品的自动识别和信息的互连与共享。RFID标签中存储着格式规范的数据信息(即对物品的静态信息描述),物品的属性信息将通过RFID阅读器自动采集到系统中,实现对物品的自动识别,并按照一定的要求完成数据格式转换,通过无线数据通信网络把它们传递到数据处理中心,实现后续的"透明"管理。

传感器网络技术:物联网的核心主要解决信息感知问题。通过散布在特定区域的成千上万的传感器节点,构建了一个具有信息收集、传输和处理功能的复杂网络,通过动态自组织方式协同感知并采集网络覆盖区域内查询对象或事件的信息,用于跟踪、监控和决策支持等。"自组织"、"微型化"和"对外部世界具有感知能力"是传感器网络的突出特点。

纳米技术和微型技术:纳米技术和微型技术可以把智能信息嵌入到物体内部,通常称为智能设备。有了物与物之间的交流,设备随物体而动,成为一体,智能设备就可以处理信息,自我配置,独立决策。

无线通信技术:物联网的最终发展形态一定具有"泛在网络"的特点,方便人们随时随地与目标对象进行通信,无线通信技术的应用是一种必不可少的通信手段。目前物联网所涉及的RFID或传感器网络等核心技术中都融合了无线通信技术。

边缘计算技术:边缘计算是融合网络、计算、存储、应用等核心能力的分布式开放平台,在靠近物或数据源头的网络边缘侧按需部署边缘计算节点(Edge Computing Node,ECN),就近提供边缘智能服务,满足行业数字化在敏捷联结、实时业务、数据优化、应用智能、安全与隐私保护等方面的需求,实现物理世界和数字世界的联结与互动,实现模型驱动的智能分布式架构与平台,实现开发与部署运营的服务框架以及与云计算的协同。

## 二、物联网技术在电网调度中的应用

1. 电网调度数据管理

物联网技术对电网调度数据管理具体涵盖了调度基础数据、调度计划数据、安全校核数据与生产监控数据管理等几方面内容。调度基础数据管理包括设备的基本参数、额定参数等，还包括电力生产、计划、营运等数据；调度计划数据管理涵盖了发电用电规划、水库调整规划、电力营销规划、电力负荷重点调整规划、水文预报数据等；安全校核数据具体涵盖了对电网系统电压值的监测、对电压失稳率进行测算、静态性失稳故障和暂时性失稳故障调整情况的监督与管理等，从而维护与提升电网系统运行的安稳性；生产监控是对电网历史电量数据等进行监管，进而提升电力资源配送的安全性。

2. 电网业务数据管理

物联网技术在电力业务数据中的应用，最大的实用价值体现在对电力业务信息系统整体监管与调整方面上，涵盖生产、调度、销售、运转等环节。调度始终被视为电力资源生产期间的重心，与电力生产、电力计划、电力设备设施构建、电力资源销售、运行安稳性监管以及紧急状况处理等多个业务相关联。在物联网技术的支撑下，电力设备在运行期间产生的数据信息得到动态式监管与测量，对相关参数信息进行实时调整，借此维护与强化电力企业各类业务运行的安全性与有效性。

# 第四节　移动互联网技术

## 一、技术概述

移动互联网是互联网技术、平台、商业模式与移动通信技术结合并实践的活动的总称。从技术层面的定义是以宽带 IP 为技术核心，可以同时提供语音、数据、多媒体等业务的开放式基础电信网络。从终端层面的定义是用户使用手机、上网本、笔记本电脑、平板电脑、智能本等移动终端，由运营商提供无线接入，互联网企业提供各类应用和服务。移动互联网既继承了桌面互联网开放协作的特征，又具备了移动通信实时性、隐私性、便携性、准确性、可定位等特点。移动互联网业务不仅体现在"移动性"上，可以"随时、随地、随心"地享受互联网带来的便捷，还表现在丰富的业务种类、个性化的服务需求和高品质的服务质量。移动互联网技术主要包括网络、终端和应用三个基本要素。

网络技术：目前移动互联网的应用平台主要有 Apple 推出的 iPhone iOS 和 Google 推出的 Android 系统，由此推出的服务模式为 Apple＋App Store 和 Google＋Android Market，此外还有 Microsoft 的 Windows Mobile 和其他一些系统。移动互联网是建立在移动通信网络基础上的互联网，从本质和内涵来看，移动互联网继承了互联网的核心理念和价值。移动用户最大的特点是位置在不断变化，对移动 IP 有很高的需求，在新兴技术中对移动互联网影响最大的就是基于无线技术的 M2M（Machine to Machine）技术。

终端技术：终端是移动互联网的前提和基础。随着移动终端技术的不断发展，移动终端逐渐具备了较强的计算、存储和处理能力以及触摸屏、定位、视频摄像头等功能组件，拥有了智能操作系统和开放的软件平台。对移动互联网来说，由于受到电源和体积的限制，终端的功能和性能是实现各种业务的关键因素。首先是终端形态，未来的移动互联网绝对不仅是为了支持现在意义上的手机，各种电子书、平板电脑等都是移动互联网的终端类型。其次是物理特性，如 CPU 类型、处理能力、电池容量、屏幕大小等。再者是操作系统，不同的操作系统各有特色，相互之间的软件一般不兼容，给业务开发带来了一定的困难。

应用及其平台技术：这是移动互联网的核心，移动互联网服务不同于传统的互联网服务，具有移动性、智能化、个性化、商业化等特征。用户可以随时随地获得移动互联网服务，这些服务可以根据用户位置、兴趣偏好、需求和环境进行定制。随着 5G 时代的普及，移动互联网的应用也越来越丰富。

## 二、移动互联网在配网调度中的应用

1. 配网调度网络化下令

基于移动互联网技术，通过在配网调度技术支持系统中建设智能操作票、检修申请单功能模块，实现智能拟票、模拟预演、安全校核、预令、正令管理、检修许可等功能，在移动作业平台部署配网调度网络化下令 App 功能模块，具备与智能操作票、检修申请单功能模块双向信息交互等功能，采用 VPN、VLAN 等构建虚拟专网方式保障移动通信网络安全。值班调控员和现场运维人员通过网络化方式实现操作票的预令下发、正令下令、复诵、调度确认、回令、收令等环节，替代电话下令等手段，减少操作时接打电话对调度人员时间的占用，规避传统电话模式带来的语音歧义、信息缺失、监护盲点、误读、误记、误解等危险点，促使串行的调度操作向并行开展，促进调度与现场高效协同，极大地提升调度操作效率。

2. 配电终端信息自助验收

基于移动互联网技术，通过在配网调度技术支持系统中建设配电终端信息接入与验收管理 WEB 功能模块，实现信息表管理、信息接入（变更）管理、自助验收管理等功能，在移动作业平台部署配电终端信息自助验收 App 功能模块，具备与配网调度技术支持系统双向信息交互、通信异常提醒等功能。现场运维人员手持自助验收 App 终端，能够随时随地和主站开展配电终端信息接入验收业务，实现配电终端信息接入（变更）规范化、现场验收自助化、信息验收并行化、验收报告数字化，促进配网调控终端信息接入与验收业务模式向数字化、自动化、智能化方向转变，有效降低一线调控人员工作承载力。

# 第五节　人工智能技术

## 一、技术概述

人工智能是研究、开发用于模拟、延伸和扩展人的智能的理论、方法、技术及应用系统的总称,该领域关键技术主要有机器学习技术、图像识别技术、语音识别技术、自然语言处理技术和智能机器人技术等。

机器学习技术:传统机器学习是一门涉及统计学、系统辨识、逼近理论、神经网络、优化论、计算机科学、脑科学等诸多领域的交叉学科,研究计算机模拟或实现人类的学习行为以获取新的知识或技能,是人工智能技术的核心。新一代深度学习又称为深度神经网络,其实质是给出了一种将特征表示和学习合二为一的方式,是建立深层结构模型的学习方法。深度学习的特点是放弃了解释性,单纯追求学习的有效性。卷积神经网络和循环神经网络是典型的深度神经网络模型,其中卷积神经网络常被应用于空间性分布数据,循环神经网络引入了记忆和反馈,常被应用于时间性分布数据。

图像识别技术:是通过用计算机系统解释图像,实现类似人类视觉系统理解外部世界的一门科学,图像识别技术使计算机具有分析和理解图像内容的能力。通常根据理解信息的抽象程度可分为三个层次。

(1) 浅层理解,包括图像边缘、图像特征点、纹理元素等。

(2) 中层理解,包括物体边界、区域与平面等。

(3) 高层理解,根据需要抽取的高层语义信息,可大致分为识别、检测、分割、姿态估计、图像文字说明等。目前高层图像理解算法已逐渐广泛应用于人工智能系统,如刷脸支付、智慧安防、图像搜索等。

语音识别技术:即自动语音识别(Automatic Speech Recognition,ASR),其目标是将人类语音中的词汇内容转换为计算机可读的输入,其应用包括智能语音质检、语音拨号、语音导航、室内设备控制、语音文档检索、语音数据录入等。语音识别是人工智能领域的一个重要分支,是一项通过处理分析语音信号来识别说话人意图的技术,在自然人机交互、客户服务、公共安全等领域有着日趋广泛的应用。

自然语言处理技术:是计算机科学领域与人工智能领域中的一个重要方向,研究能实现人与计算机之间用自然语言进行有效通信的理论和方法,是一门集语言学、计算机科学、数学于一体的科学。自然语言处理技术包括基础技术和应用技术,其中核心应用技术包括问答系统、知识图谱、自动文本摘要、信息抽取等方面。

智能机器人技术:机器人是综合了机械、电子、计算机、传感器、控制技术、人工智能、仿生学等多种学科的复杂智能机械。智能机器人技术是通过机器人,实现"感知、决策、行为、反馈"闭环工作流程,可协助人类生产、服务人类生活的技术。智能机器人一般由环境感知模块、运动控制模块和人机交互及识别模块组成。

## 二、人工智能技术在电网调度中的应用

1. 停电事故恢复方案优化

对各变电站及线路的负荷能力数据、位置关系数据、各区域用户用电需求进行判断,并对各类用户失电恢复优先级进行标注,基于经济、社会影响等多方面因素综合考虑用户失电恢复优先级,结合对可调用资源的统筹和对用户重要性的判断,基于人工智能技术,生成故障恢复方案模型,为指挥人员处理停电事故提供辅助参考。

2. 智能调度机器人

通过主要需求理解、对话控制及底层的自然语言处理、知识库等技术实现智能语音

处理，对口音、方言、口语化表达习惯、专业词汇、环境背景杂音、句子停顿等多种因素进行综合处理，积累适应当地表达特色的自然语言样本，结合实际业务场景持续更新术语及需求信息，实现典型业务场景机器人"智能调度"的功能。

江苏地区试点的配网智慧大脑，成功打造了模式创新、管理提质、技术增效的全数字化配网调控管理体系，将多轮人机对话、复杂语音语义识别技术、知识图谱、深度学习、图神经网络等 AI 技术与调度业务相结合，建成集虚拟全能调度、实时影子监护、故障应急响应等核心功能于一体的配网智慧大脑，贯通了 DMS、OMS、调度电话系统、网络发令系统，实现调度操作有效性校核并同步完成收发令、开关模拟置位、挂牌等调控员日常计划检修类操作，极大地提升配网调度业务整体运营效率。

3. 设备事态趋势感知

利用设备参数、运行年限、状态信息、历史故障、缺陷隐患、在线监测等各类数据进行设备画像，对设备未来趋势进行智能诊断，辨识设备存在的运行风险。通过人工智能技术感知设备运行状况，对设备的健康状况进行科学状态评价，指导调控人员重点关注存在隐患的电力设备，制定预控措施。

4. 故障自动研判

利用积累的大量历史跳闸动作报告和故障录波的波形、现场实际故障点照片、故障原因分析，对跳闸动作报告和故障录波的故障波形、现场实际故障点照片、故障原因分析等数据进行标注，进行人工智能的深度学习、分类，对故障类型、故障点、故障原因进行综合分析评估，指导调控人员事故处理决策。

## 第六节　区块链技术

### 一、技术概述

区块链技术是利用块链式数据结构来验证与存储数据、利用分布式节点共识算法来生成和更新数据、利用密码学的方式保证数据传输和访问的安全、利用由自动化脚本代码组成的智能合约来编程和操作数据的一种全新的分布式基础架构与计算范式，分为公有链、联盟链和私有链三种组织形式，主要关键技术包括分布式共识技术、密码学技术、智能合约技术和跨链技术。

分布式共识技术：指区块链事务达成的分布式共识算法，即在有限时间内就某个提案达成一致，共同维护一致性账本的技术，是区块链的核心技术，参与共识的节点以分布式的方式进行部署。以分布式模式部署的区块链系统中，节点之间存在失效、故障或宕机的可能，通信网络也存在干扰甚至阻断的情况，通过采用异步通信方式组成网络集群，保证共识过程的正常进行。共识的本质是保证区块链系统账本的唯一性、一致性和正确性。在异步通信的网络系统中，共识过程所采用的算法允许具有参与权限的机器连接起来进行工作，并在某些节点失效的情况下，过程仍能正常进行，这种容错能力是区块链技术的主要优势。

密码学技术：区块链通过采用非对称加密算法来对信息数据进行加密保护，以防止被篡改和攻击。非对称加密算法是由对应的一对唯一性密钥组成，公钥可以公开发布，用于发送方加密要发送的信息，私钥用户接受方解密接收到的加密内容。由于公钥与私钥之间存在固定的依存关系，所以只有拥有私钥的用户能解密该信息，任何未经授权的用户甚至信息的发送者都无法将此信息解密。

智能合约技术：是指一套以数字形式定义的承诺，包括合约参与方可以在上面执行这些承诺的协议。它本质上为一段可执行代码，是完成数字价值转移的手段，在超级账本中也被称为"链上代码"。依托于区块链上区块数据的不易改性和抵抗攻击性，智能合约可以实现代码在执行过程中的完全自动性、不可干预性和不可抵赖性等。智能合约一个很重要的特性是当条件满足时可自动执行合约动作，间接提高区块生成效率，同时满足去中心化和安全的交易环境诉求。在区块链技术中，智能合约及其执行过程都会被透明化记录，且结果一旦通过共识上链，系统中任何用户无权干涉，从而保证过程和结果的可信性，只有当交易出现问题时，才会针对合约进行修正。

跨链技术：是指当隶属于不同区块链平台的数据发生交互需求时，需要依托技术手段实现不同的区块链平台之间的连接，支撑数据的跨链查询与共享。跨链技术是区块链技术中的研究热点，可有效解决不同区块链平台之间的信息交互难题。早期跨链技术包括公证技术和侧链技术，它们更多关注的是资产转移，现有跨链技术以中继技术为代表，更多关注的是跨链基础设施。近期出现的哈希锁定技术和分布式私钥控制技术支持多币种智合约，可以产生丰富的跨链金融应用。

## 二、区块链技术在电网调度中的应用

1. 基于区块链的虚拟电厂应用

虚拟电厂既要满足海量分布式能源资源实时参与电力市场交易，又要有效控制分布式电源并网行为以确保电力系统安全、可靠地运行，其协调控制技术从机制设计到技术实现均具有较大难度。区块链技术的不可篡改性、分布记账特性能够为解决上述问题提供新的研究思路。区块链因其分布式记账特性能够为虚拟电厂的电力交易和调度提供透明、公开、可靠和低成本的去中心化平台，使不同类型的分布式电源产生的数据能够高效、快速地交叉验证和可信共享。采用区块链技术的虚拟电厂与各分布式能源之间可以在信息对称的情况下进行双向选择，分布式的信息系统和虚拟电厂内部分布式能源相匹配，各发电单元自愿加入虚拟电厂并共同进行系统的维护工作。每当有新的分布式能源加入虚拟电厂时，通过数字身份验证对各分布式能源的信息进行验证，并保证其受已定的激励政策和惩罚机制约束，从而使得区块链技术能在虚拟电厂与分布式能源之间生成有效的智能合约，并保证自动且稳定地执行。

通过区块链激励机制将虚拟电厂协调控制手段和分布式电源的独立并网行为有机联动，在确保电力系统安全、可靠运行的基础上，实现分布式发电的高渗透、高自由、高频率、高速度并网。

2. 基于区块链的透明调度

构建基于区块链的调度信息交互和数据存储中心，有效地将区块链技术在数据存储、信息安全、数据互操作性方面的优势引入调度系统中。通过区块链实时发布发电信息及用电需求，基于区块链智能合约自动匹配需求并制订电力调度计划，可实现电网自适应调度和运行，提升运行效率和信息安全能力，促进能源更合理消纳。

基于区块链的透明调度运行总体思路如下。

（1）参与到调度系统的各个用电单元，将各自的用电需求信息提交到交易市场，交易市场将用电信息汇总，并提交到区块链平台。

（2）通过共识算法形成发电单元索引列表，各个用电单元都可以根据发电单元索引信息寻找适合自己的发电单元。基于智能合约可以根据不同的情形确定各个用电单元对接的发电单元集合，从而实现最优的供需交易结果。

（3）在发电计划匹配成功后，各发电单元完成自己的发电任务，通过输电系统运营商进行电力配送，最终将电能输送到相应的用电单元。输电系统运营商与区块链平台不断进行信息的审核确认，将电力交易信息上传至区块链平台存证，以保证每笔用电交易都准确完成。

3. 基于区块链的电力调度考核评价

依据电力监管机构发布的《发电厂并网运行管理实施细则》和《并网发电厂辅助服务管理实施细则》（以下简称"两个细则"），加强辅助服务管理和并网电厂考核工作，促进厂网协调发展，规范市场秩序，提高电网安全稳定运行水平。基于区块链的电力调度考核具体实现过程：将发电企业和电网企业《并网调度协议》和《购售电合同》实现线上签订并上链存证，有效避免合同的篡改和伪造，提高合同存证的安全性和真实有效性，真正实现具有法律效力的线上签约。基于区块链的电力调度考核评价系统，实时采集发电企业 PMU 子站、RTU/测控装置、边缘代理装置等数据信息并进行上链存证操作，有效保证源头数据的真实性和完整性。利用区块链的智能合约技术构建"两个细则"指标考核模型，将智能合约通过广播发送到区块链中，与其他区块链节点进行同步，在多方节点下共同完成指标考核计算，并将考核结果进行对外发布，实现电力调度考核评价全过程的公开透明、真实可信和可追溯。

## 第七节　虚拟电厂技术

### 一、技术概述

虚拟电厂一般是指由可控机组、不可控机组（风、光等分布式能源）、储能设备、负荷、电动汽车、通信设备等聚合而成，并考虑需求响应等因素，通过与调度控制中心、电力交易中心等进行信息通信，实现与大电网的能量交互。虚拟电厂可认为是分布式能源的聚合并参与电网运行的一种形式。

从微观角度来说，虚拟电厂是通过先进信息通信技术和软件系统，实现分布式电源、储能系统、可控负荷、电动汽车等聚合和协调优化，以作为一个特殊电厂参与电力市场和电网运行的协调管理系统。主要关键技术如下：

基于虚拟电厂的源网荷储协调优化技术：基于虚拟电厂的源网荷储协调优化技术旨在通过虚拟电厂整合机制将分布式可控资源纳入电网调度运行体系，丰富日前和日内调度资源，提高电网的电力电量平衡能力。在日内滚动调度层面针对可再生能源波动问题，采用计及随机响应的价格敏感型柔性负荷经济安全优化调度策略；在实时调度层面针对负荷的无序响应可能会劣化系统运行而导致潮流越限问题，采用计及安全约束的价格敏感型柔性负荷与储能资源联合实时调度策略；在整体调控运行层面以引导海量分数分布的负荷侧资源及储能资源参与调控运行为目的，建立基于多代理的柔性负荷互动响应框架，采用多时间尺度协调调度的源网荷储联合调度模型。

虚拟电厂调度运行技术：虚拟电厂的调度运行主要包括商业型虚拟电厂和技术型虚拟电厂两种类型。商业型虚拟电厂主要从经济调度的层面对虚拟电厂进行精细化的控制和调度，根据电力市场和分布式能源相关信息优化决策，对外产生虚拟电厂的整体市场方案，对内产生各分布式能源调度方案。技术型虚拟电厂主要是从安全调度的层面对虚拟电厂的经济调度策略进行修正和再调度，使虚拟电厂的调度方案和竞标计划满足电网潮流约束，保证电网的安全稳定运行。

## 二、虚拟电厂技术在电网调度中的应用

1. 清洁能源消纳

由于分布式电源的波动性和间歇性，大规模分布式电源直接接入电网会给电力系统的安全稳定运行、供电质量带来较大挑战。为协调电网和分布式发电的矛盾，充分挖掘分布式发电为电网和用户带来的价值，目前虚拟电厂已被公认为是分布式电源最有效的利用方式之一。通过基于虚拟电厂的源网荷储协调优化技术将分布式发电机组、储能变电站、可以远程控制的可控负荷整合成一个新的系统，共同参与电力系统调度控制，促进电能管理更加合理有序，从而解决新能源发电间歇性问题，提升电网清洁能源消纳水平。

2. 经济调度运行

在计及安全约束的前提下，采用不同目标函数，通过合理分配各分布式电源及各类可控负荷实现虚拟电厂的经济调度。由于分布式能源以可再生能源为主要特征，可再生能源发电的随机性、污染物排放量小等特点，使得虚拟电厂的经济调度相对于传统的电网优化调度引入了新的研究内容。

虚拟电厂经济调度常见的方式有以下几种：

（1）以电厂为单位参与电网的优化调度，电网根据虚拟电厂的成本或报价函数参与电网的整体调度。

（2）基于互动调度的虚拟电厂与配电网协调运行模式，虚拟电厂以电源和负荷的双重身份参与调度，重在消除虚拟电厂运行的不确定性。

虚拟电厂的经济调度还要考虑分布式电源随机因素的影响，目前考虑随机因素的最优潮流主要分为两类：概率最优潮流和随机最优潮流。其中概率最优潮流考虑确定性调度下，随机变化的功率对系统的变量如线路功率、节点电压等波动的影响；而随机最优潮流的模型及优化过程均考虑随机因素，因而其最终调度方案对随机因素具有耐受性。

3. 安全可靠供电

虚拟电厂不改变分布式电源及用户的并网方式，其通过先进的控制计量通信等技术聚合分布式电源、储能系统、可控负荷、电动汽车等不同类型的分布式能源，按照一定的优化目标运行，有利于资源的合理优化配置及利用。通过虚拟电厂将分布式电源和负荷综合优化管理后统一接入电网有利于电力系统安全调度和提高负荷供电可靠性。虚拟

电厂一般接入配电网中,接入电压等级与其内部发电单元和负荷的规模有关。当虚拟电厂的规模较大时会影响电网的机组组合和功率优化调度。虚拟电厂可相当于常规发电厂参与电网优化调度,具有灵活快速的控制能力,可以大大改善配电网的运行性能,保障安全可靠供电。

## 第八节　碳流分析技术

### 一、技术概述

为了更好地将电力系统的特点与低碳发展的理念相结合,拓展低碳电力技术的研究,有必要从新的角度去认识和分析电力系统中的碳排放问题。在电力系统中,不同的发电技术具有不同碳排放特性,但各类电厂产生的潮流和碳排放并无差异,相比在商贸物流中的应用,碳排放流在电力系统中存在着更为简便和灵活的应用空间,也更容易构建电力系统碳排放流理论体系。将电力系统碳排放流定义为依附于电力潮流存在且用于表征电力系统中维持任一支路潮流的碳排放所形成的虚拟网络流,在电力系统领域中可简称为碳排放流或碳流。直观上,电力系统碳排放流相当于给每条支路上的潮流加上碳排放的标签,由于碳排放流与潮流间存在依附关系,可以认为:在电力系统中,碳排放流从电厂(发电厂节点)出发,随着电厂上网功率进入电力系统,跟随系统中的潮流在电网中流动,最终流入用户侧的消费终端(负荷节点)。表面上,碳排放是经由发电厂排入大气,实质上,碳排放是经由碳排放流由电力用户所消费。电力系统碳排放流示意如图 9-1 所示。

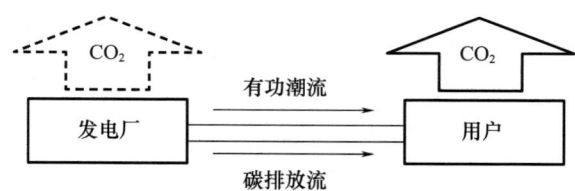

图 9-1　电力系统碳排放流示意图

### 二、碳流分析技术在电网调度中的应用

碳排放流概念的提出使得电力系统中的碳排放不再仅仅是电力生产的副产品,碳排放流分析理论也将成为在电力系统中具有明确物理意义并可详细描述电力生产与消费过程中碳排放转换关系的基础性分析工具。

空间层面,碳排放流与有功潮流相关联,电力系统中的碳排放量与碳排放强度不仅可从发电环节进行统计,还可从用电环节根据电力消费量进行统计和核算,两者通过电网的碳排放流关联起来。碳排放流的计算方法将成为该领域的核心问题,基于此,碳排放流的计算与统计还将给不同区域电网乃至不同电力消费行业间的碳排放权交易提供重要依据,对未来电网面向低碳的发展与规划也将起到指导性的帮助。

时间层面，电力系统的研究对象时间尺度巨细兼备，通过碳排放流的分析，系统碳排放的实时数据可通过电力系统调度控制的实时数据相关联得到。日前、月度、中长期等各类时间尺度中的电力生产问题均可通过碳排放流在相应时间范围内的分析得到。对面向低碳的电力调度方法、发电计划与运行方式的制定乃至中长期面向低碳的电源电网规划协调方法都将提供帮助。在低碳电力的背景下，利用碳流分析理论，建立基于碳排放流理论的电力系统源荷协调低碳优化调度策略，该策略对于优化电网调度以及实现电力系统"绿色低碳"的目标，具有重要的现实意义。

## 第九节  练习题

### 一、单选题

1.（  ）技术将计算任务分布在大量计算机构成的资源池上，使各种应用系统能够根据需要获取计算力、存储空间和软件服务。

　　A. 云计算　　　　B. 并行计算　　　C. 分布式计算　　D. 智能计算

　　答案：A

2. 电力系统的低碳发展，需要提高（  ）的配置比例。

　　A. 太阳能　　　　B. 清洁能源　　　C. 风电资源　　　D. 水资源

　　答案：B

3.（  ）是指当隶属于不同区块链平台的数据发生交互需求时，需要依托技术手段实现不同的区块链平台之间的连接，支撑数据的跨链查询与共享。

　　A. 跨平台技术　　B. 跨链技术　　　C. 智能合约技术　D. 分布式共识技术

　　答案：B

4.（  ）是指网络设备单位时间内（秒）能传输（转发）的最高数据量。

　　A. 带宽　　　　　B. 吞吐量　　　　C. 并发数　　　　D. 时延

　　答案：A

5. 在自然语言处理技术中，（  ）指从句子中切分单词，找出词汇的各个词素，确定其含义；其研究如何正确判断每个词的词性，便于后续句法分析的实现。

　　A. 文本分类　　　B. 篇章分析　　　C. 句法分析　　　D. 词法分析

　　答案：D

6.（  ）可认为是通过先进信息通信技术和软件系统，实现分布式电源、储能系统、可控负荷、电动汽车等聚合和协调优化。

　　A. 虚拟电厂　　　B. 主动配电网　　C. 虚拟发电机　　D. 虚拟调度员

　　答案：A

7.（  ）基于 AI 的机器视觉模拟眼睛、语音交互模拟人类的嘴巴和耳朵，实现智能流程自动化。

　　A. 机器人指挥自动化　　　　　　　B. 机器人操作自动化

　　C. 机器人调度自动化　　　　　　　D. 机器人流程自动化

　　答案：D

8. 在深度神经网络图像识别技术中，网络的前端层的作用为（  ）。
A. 对图像分类　　　　　　　　　B. 对图像进行预处理
C. 对特征进行映射　　　　　　　D. 提取图像的特征
答案：D

9. （  ）技术是从数据体量巨大、数据类型繁多和价值密度低的数据中快速获得有价值信息的技术。
A. 神经网络　　B. 大数据处理　　C. 机器学习　　D. 深度学习
答案：B

10. 区块链技术利用（  ）的方式保证数据传输和访问的安全。
A. 数据处理学　　B. 密码学　　C. 信息学　　D. 控制学
答案：B

## 二、多选题

1. 根据大数据不同技术的应用场景和定位，可以将大数据技术指标归为三类，分别为（  ）。
A. 数据处理　　B. 数据收集　　C. 数据整合　　D. 数据计算
答案：ACD

2. 电力系统中利用的人工智能技术主要有（  ）。
A. 机器人流程自动化　　　　　　B. 自然语言处理技术
C. 深度神经网络图像识别技术　　D. 语音识别技术
答案：ABCD

3. 目前常用的大数据技术架构主要包括（  ）。
A. Pregel　　B. Spark　　C. MapReduce　　D. Storm
答案：ABCD

4. 虚拟电厂概念的核心内容可以总结为（  ）。
A. "发电"　　B. "虚拟"　　C. "聚合"　　D. "通信"
答案：CD

5. 区块链分为（  ）三种组织形式。
A. 私有链　　B. 侧链　　C. 公有链　　D. 联盟链
答案：ACD

6. 云计算的主要技术有（  ）。
A. 并行编程技术　　　　　　　　B. 多租户技术
C. 虚拟化技术　　　　　　　　　D. 海量数据存储和管理技术
答案：ABCD

7. 智慧物联网技术主要包括（  ）。
A. 无线通信技术　　　　　　　　B. 传感器网络技术
C. EPC/RFID 技术　　　　　　　D. 边缘计算技术
答案：ABCD

8. 物联网从体系结构上可划分为（　　）等几个层面。

A. 分析层　　　　B. 网络层　　　　C. 感知层　　　　D. 业务及应用层

答案：BCD

9. 自然语言处理技术是计算机科学领域与人工智能领域中的一个重要方向，是一门融合（　　）学科知识于一体的科学。

A. 数学　　　　B. 图像分析学　　　C. 语言学　　　　D. 计算机科学

答案：ACD

10. 云计算按服务方式分为（　　）。

A. 混合云　　　　B. 私有云　　　　C. 公有云　　　　D. 虚拟云

答案：ABC